鸡胴体喷淋减菌及
冰温贮藏应用技术研究

赵圣明　王正荣　康壮丽　马汉军　著

U0213646

中国农业出版社
北　京

图书在版编目（CIP）数据

鸡胴体喷淋减菌及冰温贮藏应用技术研究／赵圣明
等著．—北京：中国农业出版社，2019.11
　　ISBN 978-7-109-26172-3

　　Ⅰ．①鸡…　Ⅱ．①赵…　Ⅲ．①鸡肉－食品灭菌－研究
②鸡肉－冷冻保鲜－研究　Ⅳ．①TS251.4

中国版本图书馆 CIP 数据核字（2019）第 254890 号

中国农业出版社出版
地址：北京市朝阳区麦子店街 18 号楼
邮编：100125
责任编辑：王玉英
版式设计：王　晨　责任校对：吴丽婷
印刷：北京印刷一厂
版次：2019 年 11 月第 1 版
印次：2019 年 11 月北京第 1 次印刷
发行：新华书店北京发行所
开本：850mm×1168mm　1/32
印张：3.5
字数：100 千字
定价：50.00 元

前言

目前，在我国的禽类屠宰加工企业中，肉鸡经脱毛和去内脏后，普遍采用将肉鸡胴体浸入次氯酸钠溶液中进行减菌化处理。有一些研究者认为次氯酸钠可能与鸡胴体表面的有机物生成致癌物质，在浸泡过程中，由于血水和脂肪等有机物在次氯酸钠溶液浸泡池中的积累及胴体间的交叉污染使减菌效果明显降低；一定浓度的次氯酸钠可以与肉鸡中的游离氨基酸反应生成强致癌性的氨基脲，因此存在食品安全风险。美国和欧盟国家多采用喷淋方式减菌，可以有效地减少肉鸡胴体表面的微生物。据报道，采用热水、化学减菌剂（次氯酸钠、乳酸、柠檬酸等）、天然减菌剂（噬菌体、细菌素、ε-聚赖氨酸等）喷淋或者浸渍肉鸡胴体都能不同程度地减少胴体表面的微生物数量（一般减少 $0.7 \sim 2.5 \lg CFU$ 的数量）。

冰温是指从 0℃ 以下到生物体冻结温度之间的温度范围，冰温保鲜技术是指在 0℃ 以下至组织结冰点以上这个温度范围内贮藏食品。食品在冰温环境下水分不结冰，能保持细胞活性，呼吸代谢被抑制，衰老过程减慢。冰温保鲜贮藏品是具有生命活性的个体，当处于一定温度条件下，贮藏品会处于"休眠"状态。在"休眠"状态下贮藏品的新陈代谢率最低，能量消耗少，从而有效维持其品质和生理活性，延长其贮藏时间，而冰温是贮藏品达到"休眠"状态的关键。因此，相对于冷鲜技术，冰温保藏具有良好的营养功能、安全性能及更长的保质期。

随着我国经济的飞速发展和居民消费水平的提高，在过去

30 年里肉类消费需求迅速增加。尤其是禽肉产品的消费增加尤为明显，其中鸡肉消费已经占我国居民禽肉消费的 70%。但是，肉鸡在屠宰过程中，由于其体表和消化道等均含有大量的腐败性和致病性微生物，在烫浸脱毛和除内脏等屠宰工艺过程中不可避免地对肉鸡胴体造成污染。此外，鸡肉中水分含量较高，营养成分丰富，更易被微生物利用，从而导致冷冻肉鸡胴体的贮藏期变短，影响最终产品的品质；甚至一些病原微生物的污染还会影响食品安全，导致消费者的健康受到威胁。如果越来越多的化学添加剂应用到食品工业中，给食品安全方面带来了一些潜在危害。同时，食品中微生物的污染也日益严重，世界上每年都有食品中微生物污染导致的群体性中毒事件发生。食源性疾病的不断增加已经日益引起了公众和政府部门的高度重视，食品安全目前已经成为全世界范围内的重要课题。因此，减少鸡胴体表面常见的腐败性及致病性微生物的数量，同时应用适合的保鲜技术延长鸡肉产品的货架期已经成为了一个重要的研究方向。正是基于这个出发点，我们对鸡胴体喷淋减菌和冰温贮藏技术进行了一系列的研究和探索。首先研究天然有机酸和天然减菌剂雾化喷淋对鸡胴体表面腐败性致病性微生物的减菌效果，然后研究了冰温技术在鸡肉成熟和贮藏过程中的品质影响，为雾化喷淋减菌技术和冰温技术鸡肉贮藏保鲜中的应用奠定理论基础。

本书得到河南省重大科技专项（161100110600）和河南科技学院高层人才科研启动项目（2016018）的资助，特别感谢河南科技学院马汉军教授给予的指导与帮助。

由于著者专业水平和经验有限，加之时间仓促，书中难免有疏漏之处，恳请各位专家和读者提出宝贵意见。

著　者

2019 年 10 月

目 录

第一章 绪 论

第一节 鸡胴体减菌技术概述

目前，在我国的禽类屠宰加工企业中，肉鸡经脱毛和去内脏后普遍采用将肉鸡胴体浸入次氯酸钠溶液中进行减菌化处理，但在浸泡过程中，由于血水和脂肪等有机物在次氯酸钠溶液浸泡池中的积累及胴体间的交叉污染使减菌效果明显降低。而美国和欧盟国家多采用喷淋的方式减菌，可以有效地减少肉鸡胴体表面的微生物。据报道，采用热水、化学减菌剂（如次氯酸钠、乳酸、柠檬酸等）、天然减菌剂（如噬菌体、细菌素等）喷淋或者浸渍肉鸡胴体都能不同程度地减少胴体表面的微生物数量（一般减少 $0.7 \sim 2.5 \lg CFU$ 的数量）。随着我国居民生活水平的提高，食品安全问题已经越来越受到人们的关注，安全天然的减菌剂将具有广阔的市场开发前景。有机酸是一类价格低廉、安全无污染、抑菌效果好的天然抗菌剂，美国食品药品监督管理局（FDA）于1996年就已批准 $1.5\% \sim 2.5\%$ 有机酸如乳酸和柠檬酸等，可用于禽类加工，而且很多学者早已经开始研究利用有机酸对鸡胴体进行减菌化处理。例如，Burfoot 等利用乳酸溶液降低肉鸡和火鸡胴体表面的微生物数量，Alicia 等采用 2% 的柠檬酸浸泡鸡腿进行减菌化处理 15min 后在 120h 的贮藏期内可以有效地将金黄色葡萄球菌的数量减少约 $2.08lgCFU/cm^2$，可以有效地降低食源性致病菌对贮藏期间鸡腿产品的污染。Del 等研究发现采用2%柠檬酸浸泡鸡腿 15min 后，可以将其表面肠杆菌科数量减少$1.5lgCFU/g$，具有明显地减菌效果，可能因其减菌浸泡处理的时间较长。Gonzá 等将新鲜的鸡腿放入 2%的苹果酸中浸泡减菌处理 5min，结果发现可以有效地降低鸡腿表面肠杆菌科的数量，贮藏 1 天后肠杆菌科数量由 $6lgCFU/g$ 降到 $4.67lgCFU/g$。Koolman 等利用柠檬酸和癸酸降低鸡胴体表面的弯曲肠杆菌等病原微生物的数量，Liu 等采用乳酸（2.5%）和热水（55℃）结合对鸡胴体进行喷淋减菌，与对照组 $5.74lgCFU/cm^2$ 相比，喷淋后鸡胴体表面的菌落总数降低到 $1.98lgCFU/cm^2$。Zhu 等采用0.5%的乳酸和1%的柠檬酸对鸡腿进行混合喷淋 30s 的减菌处理，结果表明与对照组相比菌落总数减少了 $1.68lgCFU/cm^2$，假单胞菌属减少了约 $1.85lgCFU/cm^2$，且鸡腿表明的肠杆菌科在未处理前约为 $1.13lgCFU/cm^2$，经复合有机酸处理后已检测不到。国内学者夏小龙等利用乳酸和热水结合对鸡胴体进行喷淋减菌处理，有效地降低了鸡胴体表面菌落总数、大肠菌群和肠球菌数量等。Fabrizio 等复合使用磷酸钾和月桂酸对鸡胴体进行减菌处理，可以有效地减少菌落总数、假单胞菌属、葡萄球菌属和肠球菌的数量。Fandos 等研究表明，丙酸、苹果酸能够有效减少和抑制冰鲜禽胴体表面的单增李斯特氏菌数量和繁殖速度，认为 pH 不是抑制李斯特菌的唯一因素，酸的种类也至关重要。因此，诸多研究表明有机酸处理是一种非常有效的鸡胴体减菌措施。天然减菌剂如 Nisin、茶多酚、ε-聚赖氨酸等，均源于生物体自身组成成分或其代谢产物，具有天然无毒、安全和可降解等特点，在食品加工与保鲜领域已经被广泛地应用。国外有学者已经采用 ε-聚赖氨酸、Nisin 等天然减菌剂对畜禽胴体进行喷淋减菌。Benli 等采用聚赖氨酸和酸化硫酸钙对鸡胴体进行喷淋减菌，将鸡胴体表面的菌落总数由 4.7 减少到 $3.6lgCFU/cm^2$，沙门氏菌和大肠杆菌分别由 6.2 和 4.0lgCFU/cm² 减少到 4.7 和 1.4lgCFU/cm²。De Martinez 等研究发现采用 Nisin 对牛胴体进行喷淋减菌的效果较差，仅使菌落数减少了 0.2lgCFU/cm²，而采用 Nisin 和乳酸的混合喷淋可将菌落总数减少 2lgCFU/cm²。杨万根等采用 Nisin、溶菌酶、植酸和壳聚糖等天然减菌剂对牛肉进行浸泡减菌处理，贮藏放置 10 天后发现 Nisin 和溶菌酶对假单胞菌的减菌效果最好。Shefet 等采用 Nisin 和 EDTA、柠檬酸结合对鸡胴体进行浸泡减菌处理，可有效地减少鸡胴体表面沙门氏菌的数量。

肉鸡屠宰生产过程中，肉鸡胴体一般在脱毛和除内脏后以及预冷之前采用喷淋或者浸渍的方式对鸡胴体进行清洗和减菌处理。目前，在中国的禽类屠宰加工企业中，肉鸡经脱毛和去内脏后普遍采用将肉鸡胴体浸入次氯酸钠溶液中进行减菌化处理，然而一些研究者认为次氯酸钠可能与鸡胴体表面的有机物生成致癌物质，但在浸泡过程中，由于血水和脂肪等有机物在次氯酸钠溶液浸泡池中的积累及胴体间的交叉污染使减菌效果明显降低。而且主要是一定浓度的次氯酸钠能与肉鸡中的游离氨基酸反应生成强致癌性的氨基脲，因此存在食品安全风险。肉类产业是我国第一大食品产业，占我国食品工业的 12%，随着我国居民消费水平的提高，在过去的 30 年里肉类的消费需求迅速增加，尤其是禽肉产品的消费增加尤为明显，鸡肉消费已经占我国居民禽肉消费的 70%。在 2016 年，我国的鸡肉消费总量已经达到 1.234 万吨，成为仅次于美国的世界第二大鸡肉消费市场，且鸡肉出口居中国肉类出口的第一位。但是，由于我国人口众多，人均消费与世界平均水平还有较大差距，因此我国鸡肉市场具有巨大的发展潜力。虽然我国的鸡肉加工产业发展的脚步较快，但是与当前国际肉类产业发展的新形势、新要求相比，我国鸡肉加工产业的发展还面临着新的技术问题，例如鸡肉质地细嫩，脂肪含量低，且含有人体所需的全部必需氨基酸，是营养丰富的高蛋白健康食品，鸡肉产品在冷鲜条件下存放4～5d后就会发生腐败，因此鸡肉生产过程中的卫生安全控制非常重要。尤其是在商业屠宰过程的烫浸脱毛和除内脏等屠宰工艺过程中，其消化道和羽毛表面等都带有大量的腐败性及致病性的微生物，不可避免地对肉鸡胴体造成微生物污染，且肉类中的水分含量较高，营养成分丰富，更易被微生物利用影响鸡肉产品的色泽、品质和风味，最终缩短了鸡肉产品的贮藏期，因此降低了产品的经济价值还可能给消费者的健康带来一定的风险。

第二节　冰温贮藏保鲜和成熟技术概述

冰温保鲜在20世纪70年代诞生于日本，是近年来国内外开始使用的一项新技术。冰温指0℃以下至食品冰点（也称为冻结点）的温度范围内，介于冷藏和微冻之间。所谓冰温贮藏就是将食品贮藏在冰温状态下的一种保藏方式，属于非冻结保存，是继冷藏、微冻贮藏后的第三代保鲜技术。冰温保鲜技术认为贮藏品是具有生命活性的个体，当处于一定温度条件下，贮藏品达到会处于"休眠"状态，在"休眠"状态下贮藏品的新陈代谢率最低，能量消耗少，从而有效地维持其品质和生理活性，延长其贮藏时间。而冰温是贮藏品达到"休眠"状态的关键。冰温保鲜机理包括：①在冰温带内可以维持细胞的活体状态；②当食品的冰点较低时，可以通过加入一些蔗糖、食盐、酒精等冰点调节剂扩大其冰点；③冰温可以使鲜肉的后熟过程在特定的低温环境下进行，使有益的氨基酸得到缓慢积累。冰温保藏的优点主要表现在：能保持细胞的活体状态，对细胞破坏非常小；有效地降低细胞呼吸强度，延长贮藏期；能够抑制微生物代谢活动及酶活性。因此，相对于冷鲜技术，冰温保藏具有良好的营养功能、安全性能及更长的保质期。

目前，日本的冰温技术已覆盖冷藏链全过程，但冰温技术的研究还是主要集中于保鲜产品的冷适应上。近年来，我国所开发的一系列冰温设备为冰温保鲜技术的推广和应用提供了技术支持。对冰温在食品中的研究也越来越多。利用冰温技术贮藏果蔬能够降低果蔬的新陈代谢，冰温保藏的果蔬在色、香、味、口感方面都优于冷藏，几乎与新鲜果蔬处于同等水平。利用冰温及冰温气调技术对冬枣进行保藏，研究结果表明冰温气调贮藏可有效地延缓冬枣的腐化，冰温气调贮藏优于普通气调，对转红指数低的冬枣效果尤佳。李超等利用冰温保藏山楂果实，发现-1.0℃冰温处理降低了山楂果实的乙烯生成速率和最大生成量，减缓了果肉硬度、可滴定酸和维生素 C 含量的下降，有效地抑制了果肉中丙二醛的积累，延缓了山楂果实的生理衰老进程。薛文通等[7]在桃的"冰温"贮藏研究中发现冰温贮藏可明显抑制桃的呼吸强度，推迟桃的呼吸高峰期，减少各种营养成分的损失。除此之外，冰温技术在猕猴桃、库尔勒香梨、莲藕、日本洋梨、葡萄、杨梅等果蔬食品中的研究均有报道，试验结果表明冰温保藏优于传统的冷藏技术。

冰温技术在动物性食品贮藏中的应用也较为广泛，尤其是在水产品中的应用最为广泛，研究报道也较多，在冰温地带贮藏水产品，让其处于"活体"状态，同时降低新陈代谢速度，可以长期保存水产品原有的色、香、味和口感。冰温状态下贮藏梭子蟹，可有效地缓解梭子蟹品质的劣变，在贮藏过程中，TVB-N、菌落总数的增加程度均比冷藏、冰藏要缓慢，货架期延长 1～2d。施建兵等研究发现冰温结合臭氧水浸渍能提高鲴鱼块的保鲜品质。Shen Song 等通过比较冰温贮藏和普通冷藏对虹鳟鱼片的保藏效果，发现冰温贮藏可以将虹鳟鱼片货架期延长 6d。此外，冰温保鲜能很好地控制冷鲜鸡肉的菌落总数和 TVB-N，延缓 pH 的升高。冰温贮藏至 10d 时，菌落总数为 2.2×10^4 CFU/g，冰温较冷藏能更好地延缓鸡肉的腐败变质，可将保鲜期延长至10d。王守经等采用冰温贮藏技术对羊肉进行保鲜贮藏，测定了羊肉不同部分的冰点温度及贮藏过程中菌落总数、pH、挥发性盐基氮、剪切力及色度值的变化，综合各项指标发现羊肉在冰温贮藏过程中的货架寿命延长到 21～28d。Li 等研究发现冰温相对于冷藏能有效地稳定羊肉的色泽。李建雄等[18]通过测定菌落总数、挥发性盐基氮、汁液流失率和感官等指标，结果发现稳定的-1℃能保持猪肉的一级鲜度期 19d，而波动-1℃冰温只有 12d，4℃仅 4d；相比较于-18℃，稳定的冰温有更少的汁液流失率及更好的感官品质。

动物在宰杀后从肌肉变为可食性肉制品过程中，需要经过僵直期、成熟期等一系列的过程，胴体在成熟过程中，发生各种生理生化反应，其中糖酵解反应是主要的供能方式，目前调控宰后糖酵解的方式有电刺激、改变成熟温度等。有研究表明，温度对宰后 pH 和糖酵解过程中的催化酶有影响。申萍等通过对比-18℃、4℃、15℃不同的温度对宰后羊肉品质的影响，发现-18℃成熟贮藏的羊肉品质显著地高于 4℃、25℃。传统的成熟过程大部分都是在 0℃以上的温度下完成的，但常温下成熟会导致细菌繁殖速度加快、肉制品腐败变质加速等现象。冰温条件下不仅能使细菌的繁殖速度降低，同时还能保持食品所固有的风味，因此把冰温条件下成熟的食品称为冰温成熟食品[23]。目前冰温在肉制品中的研究多集中在贮藏期间对品质的影响、延长货架期等方面，而冰温对成熟进程的影响报道比较少，李培迪等发现冰温能有效地延缓羊肉的成熟进程。总体来讲，冰温对成熟进程的影响，尤其是对鸡肉成熟过程中品质和控制成熟相关酶活力的影响均未见报道。

近年来，冰温技术在食品上的应用越来越热门，但是由于冰温带范围一般都非常狭小，如大黄鱼冰点为-1.4℃、罗非鱼-0.7℃。因此，冰温技术对温度的要求非常高，温度波动范围须控制在 1℃以内，这些给冰温技术的实施造成困难。根据冰温机理，当食品冰点较高时，可以人为加入有机或无机物质，使其冰点降低，从而扩大其冰温带，这些有机或无机物即称为冰点调节剂。研究表明，添加 1.74％山梨醇、5.15％氯化钙和 2.13％氯化钠，可使鲫鱼的冰点降至 −1.6℃左右[28]。添加氯化钠5.42％、山梨糖醇 7.36％、麦芽糊精 10.36％，可将鸡胸肉冰点由−0.7℃降至−2.4℃。目前将几种冰点调节剂复合使用进而扩大肉类冰点的研究较少。此外，目前关于冰温技术在鸡肉中的应用研究也多有报道，但是大部分都是关于冰温对鸡胸肉品质的影响，缺乏系统理论的研究，尤其是关于冰温对鸡胸肉成熟进程的研究报道非常少。另外，也有关于冰温技术结合其他食品保鲜剂对肉制品保鲜效果的研究，但是目前大部分食品保鲜剂的应用都需要接触食品，或喷淋、或浸泡、或涂抹。而食品鲜度保持卡作为一种缓释剂，可以通过黏贴到保鲜盒中的方式，达到不接触食品的目的，这对消费者来说，具有更高的接受度。因此，冰温结合食品鲜度保持卡在提高鸡肉贮藏期间的品质具有重要的应用价值。

第二章 有机酸雾化喷淋对宰后鸡胴体表面的减菌效果研究

　　近年来，全球鸡肉消费量不断增加，从 2013—2016 年，年均复合增长率为 1.6%，美国、巴西、中国和欧盟是全球主要生产和消费地区，2016 年，中国的鸡肉消费量为 1.234 万吨，占全球鸡肉消费总量的 14%，仅次于美国，居世界第二位，且鸡肉出口居中国肉类出口的第一位。鸡肉质地细嫩，脂肪含量低，且含有人体所需的全部必需氨基酸，是营养丰富的高蛋白健康食品。鸡肉产品在冷鲜条件下存放 4～5d 后就会发生腐败，因此鸡肉生产过程中的卫生安全控制非常重要。尤其是在屠宰过程中，其消化道和羽毛表面等都带有大量的腐败性及致病性的微生物，极易对肉鸡胴体造成微生物污染，影响鸡肉产品的色泽、品质和风味，最终缩短调理鸡肉产品的货架期，因此降低了产品的经济价值，还可能给消费者的健康带来一定的风险。所以，在庞大的生产和消费需求下，肉鸡屠宰加工生产过程中的质量安全控制就非常重要，尤其微生物污染是其中首要的危害之一。

　　为了减少冷鲜鸡肉产品的微生物数量，在生产加工过程中需要采用一定的减菌措施，已防止腐败性及病原性微生物对冷鲜鸡肉品质的影响。目前，在中国的禽类屠宰加工企业中，肉鸡经脱毛和去内脏后普遍采用将肉鸡胴体浸入次氯酸钠溶液中进行减菌化处理。但是在浸泡过程中，由于血水和脂肪等有机物在次氯酸钠溶液浸泡池中的积累，以及胴体间的交叉污染使减菌效果明显降低。此外，研究表明，次氯酸钠杀菌后可能产生一些具有致癌作用的有毒物质，因此在许多国家已经被禁止使用。而一些研究者认为次氯酸钠可能与鸡胴体表面的有机物生成致癌物质，主要是一定浓度的次氯酸钠能与肉鸡中的游离氨基酸反应生成强致癌性的氨基脲，因此存在食品安全风险。随着人民生活水平的提高，食品安全问题已经越来越受到人们的关注，安全天然的减菌剂将具有广阔的市场开发前景。有机酸是一类价格低廉、安全无污染、抑菌效果好的天然抗菌剂，美国食品药品监督管理局（FDA）于1996年就已批准 $1.5\%\sim2.5\%$ 有机酸，如乳酸和柠檬酸等，可用于禽类加工，而且很多学者早已经开始研究利用有机酸对鸡胴体进行减菌化处理。例如，Burfoot等利用乳酸溶液降低肉鸡和火鸡胴体表面的微生物数量，Koolman等利用柠檬酸和癸酸降低鸡胴体表面的弯曲肠杆菌等病原微生物的数量，国内学者夏小龙等利用乳酸和热水结合对鸡胴体进行喷淋减菌处理，有效地降低了鸡胴体表面菌落总数、大肠菌群和肠球菌数量等。Fandos等研究表明丙酸、苹果酸能够有效地减少和抑制冰鲜禽胴体表面的单增李斯特氏菌数量和繁殖速度，认为pH不是抑制李斯特菌的唯一因素，酸的种类也至关重要。因此，诸多研究表明有机酸处理是一种非常有效的鸡胴体减菌措施。但是，为了确保鸡肉品质不受影响及降低生产成本，应控制减菌剂的使用浓度在一定范围内。然而，国内对于多种有机酸结合处理对鸡胴体进行减菌化研究的报道较少，本章首先研究了《GB-2760—2014食品安全国家标准　食品添加剂使用标准》中允许在食品中使用的乳酸、丙酸、酒石酸、柠檬酸、葡萄糖酸、山梨酸钾和焦磷酸钠等食品级有机酸及有机酸盐类对鸡胴体表面的喷淋减菌效果，筛选出减菌效果最佳的3种喷淋减菌剂后进行复合喷淋减菌研究，目的是有效减少鸡胴体表面常见的腐败性及致病性微生物数量，并探究其对肉鸡胴体贮藏期间品质的影响，为延长最终调理鸡肉产品的货架期和提高产品的安全性，以及改进肉鸡胴体喷淋减菌的生产工艺提供理论参考和技术支撑。

第一节　研究材料与方法概论

一、试验材料

（一）样品来源

鸡胴体来源于河南省新乡市某肉鸡屠宰加工企业

（二）主要试剂

乳酸（食品级），山东百盛生物科技有限公司；丙酸（食品级），武汉富鑫远科技有限公司；酒石酸（食品级），河南万邦实业有限公司；柠檬酸（食品级），潍坊英轩实业有限公司；葡萄糖酸（食品级），安徽盈合生物科技有限公司；山梨酸钾（食品级），如皋市长江食品有限公司；焦磷酸钠（食品级），江苏天富食品配料有限公司；三氯乙酸（分析纯），天津光复精细化工研究所；2-硫代巴比妥酸（分析纯），南京奥多福尼生物科技有限公司；其他试剂均为国产分析纯。

（三）主要培养基

平板菌落计数琼脂培养基、假单胞菌 CFC 选择性培养基、葡萄球菌选择性培养基、STAA 琼脂培养基、MRS 肉汤和肠道菌计数琼脂均购于青岛海博生物技术有限公司。

（四）主要仪器

SW-CJ-1FD 超净工作台，苏州苏净集团；YXQ-LS-50S 全自动立式压力蒸汽灭菌锅，上海博讯医疗设备有限公司医疗设备厂；Sartorius 微量移液器赛多利斯科学仪器（北京）有限公司；T25 高速匀浆器，德国 IKA 公司；CR-400 色差计，日本美能达公司；HH-42 水浴锅，常州国华电器有限公司；MC 牌电子天平，赛多利斯科学仪器（北京）有限公司。

二、试验方法

（一）样品处理与微生物测定方法

选取河南省新乡市某肉鸡屠宰加工企业生产线经烫毛和除内脏后的鸡胴体进行悬挂，采用 2% 浓度的乳酸、丙酸、酒石酸、柠檬酸、葡萄糖酸、山梨酸钾和焦磷酸钠，分别对烫毛除内脏后的鸡胴体进行雾化喷淋处理，喷淋压力为 280kPa，喷淋距离为 20cm，喷淋时间 60s，平均每只鸡胴体的喷淋总量约为 200mL，雾化喷淋后将鸡胴体悬挂放置 60min 后取样。分别在喷淋前后选取每只肉鸡胴体背部、腹部、颈部、翅部和腿部 5cm×5cm 面积大小的皮肤，以无菌的棉签进行擦拭取样，将棉签分别放入盛有 100mL 的生理盐水中，混匀后进行 10 倍的梯度稀释，选择合适的稀释度后，在不同的选择性培养基琼脂平板上分别涂布 1mL 的稀释液后进行培养，经 37℃，48h 培养后分别根据平板菌落计数琼脂培养基、MRS 琼脂培养基、葡萄球菌选择性培养基、假单胞菌 CFC 选择性培养基、STAA 琼脂培养基和肠道菌计数琼脂上长出的菌落数，检测有机酸喷淋前后肉鸡胴体表面菌落总数、乳酸菌、葡萄球菌属、假单胞菌属、热杀索丝菌和肠杆菌科数量的变化，每种有机酸处理各选 3 只鸡胴体进行测定，同时选 3 只鸡胴体未经任何处理作为对照。筛选得到减菌效果好的有机酸进行复合使用，研究确定最佳的复合喷淋减菌效果。

（二）有机酸复合喷淋减菌效果的测定

选用柠檬酸、丙酸和酒石酸的浓度分别为（1%、0.5%、0.5%）、（0.5%、1%、0.5%）和（0.5%、0.5%、1%）复配后对烫毛除内脏后的鸡胴体进行雾化喷淋减菌，喷淋压力为 280kPa，喷淋距离为 20cm，喷淋时间 60s，平均每只鸡胴体的喷淋总量约为 200mL，雾化喷淋后将鸡胴体悬挂放置 60min 后取样。微生物测定方法同试验方法中（一）。

（三）色泽测定

使用 CR-400 对鸡胴体表面色泽进行测定，采用标准比色板进行校正，标准比色板为 $L^* = 97.22$，$a^* = -0.14$，$b^* = 1.82$。每组样品测定 6 次。其中 L^* 表示亮度值，a^* 表示红度值，b^* 表示黄度值。

（四）硫代巴比妥值（TBARS）测定

TBARS（TBA）值参考 Jonberg 等的方法略作修改。肉样品经绞碎处理后称取 10g 肉样品放入含有 40mL 三氯乙酸（8% w/v）的烧杯中混匀后用高速匀浆机 7 500r/min 匀浆处理 15s。匀浆后静置 1h，然后 3 000r/min、10min 离心取上清液，再经滤纸过滤后用蒸馏水定容至 50mL。取 6mL 滤液于具塞试管中，加 6mL 0.02mol 的 TBA 溶液混均后在 95℃ 的水浴条件下加热处理 30min，经 5 000r/min、10min 离心处理后，取上清液在 532nm 处测吸光度值，每个试验重复 3 次。以 6mL 的三氯乙酸和 6mL 0.02mol 的 TBA 混合作为空白对照。利用丙二醛和 1，1，3，3-四乙氧基丙烷绘制标准曲线计算 TBA 值。准确吸取相当于丙二醛 $10\mu g/mL$ 的标准溶液 0、0.1、0.2、0.3、0.4、0.5、0.6mL 置于纳氏比色管中，加水稀释至 3mL，加入 3mL TBA 溶液，然后按样品测定步骤进行，根据测得吸光度值绘制标准曲线。

（五）挥发性盐基氮（TVB-N）测定

冷鲜肉 TVB-N 值参照《GB/T 5009.228—2016 食品安全国家标准食品中挥发性盐基氮的测定》中的半微量定氮法进行测定。肉样品首先经绞碎处理后，称取 20g 加入 100mL 三氯乙酸振荡浸渍 30min，取 5mL 经滤纸过滤的浸渍液，5mL MgO 悬浊液（10g/L）和 2 滴消泡硅油按顺序加入凯式定氮装置。混合物蒸馏 5min，用 10mL 硼酸收集蒸馏液，最后用 0.01mol/L 盐酸进行滴定。TVB-N 值通过下面公式进行计算。

$$TVB-N(mg/100g) = \frac{(V_1 - V_2) \times c \times 14}{m \times 5/100} \times 100$$

式中，V_1——样品液消耗盐酸标准滴定溶液的体积（mL）；

　　　V_2——空白消耗盐酸标准滴定溶液的体积（mL）；

　　　c——盐酸标准滴定溶液的浓度（mol/L）；

　　　14——滴定 1.0mL 盐酸 [c(HCl)=1.000mol/L] 标准滴定溶液相当于氮的质量（g/mol）；

　　　m——样品体积（mL）。

（六）数据统计分析

试验数据处理采用 SPSS 20.0 软件进行分析，所有试验重复 3 次，试验结果以平均值±标准差表示，显著性分析采用 Duncan 检验，$p < 0.05$ 具有显著性差异。采用 Microsoft Offce Excel 2016 做图。

第二节　有机酸雾化喷淋对宰后鸡胴体表面的减菌效果研究

一、不同有机酸雾化喷淋处理对鸡胴体表面菌落总数的影响

由图 2-1 可以看出，与对照组相比，不同有机酸喷淋处理后鸡胴体表面的菌落总数都有明显地减少（$p < 0.05$），与对照组 5.32lgCFU/cm² 相比，菌落数减少到 3.31～4.45lgCFU/cm² 之间，其中酒石酸对鸡胴体表面菌落总数的喷淋减菌效果最好，菌落总数降低到 3.31lgCFU/cm²。此外，乳酸、丙酸、柠檬酸和焦磷酸钠喷淋后菌落数也降低到了 4lgCFU/cm² 以下，乳酸、柠檬酸和酒石酸处理组之间的减菌作用差异不显著（$p > 0.05$），对鸡胴体表面菌落总数的减菌效果较好。夏小龙等采用乳酸（1.5%）和热水（50℃）结合对肉鸡胴体进行喷淋将鸡胴体表面的菌落总数由 5.79 降低到了 2.97lgCFU/cm²；Liu 等采用乳酸

（2.5％）和热水（55℃）结合对鸡胴体进行喷淋减菌，与对照组 5.74lgCFU/cm² 相比，喷淋后鸡胴体表面的菌落总数降低到 1.98lgCFU/cm²。这可能是因为乳酸与热水相结合的原因，比本实验单一有机酸喷淋减菌效果略好。Koolman 等研究发现采用柠檬酸对鸡胴体进行浸泡处理 15s 可以将鸡胴体表面的菌落总数减少 0.7lgCFU/cm²，与本实验结果相比效果较差，可能因为浸泡处理容易引起交叉污染，导致减菌效果不佳。Sakhare 等采用0.5％的乙酸对鸡胴体表面进行减菌处理仅使菌落总数减少 0.2~0.7lgCFU/cm²，减菌效果较差，可能因为其使用的乙酸浓度较低有关。

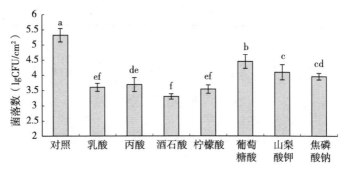

图 2-1 不同有机酸雾化喷淋处理对鸡胴体表面菌落
总数（lgCFU/cm²）的影响

二、不同有机酸雾化喷淋处理对鸡胴体表面乳酸菌数量的影响

由图 2-2 可以看出，鸡胴体经不同有机酸喷淋处理后，与对照组 3.59lgCFU/cm² 相比，胴体表面的乳酸菌数量都明显减少（$p<0.05$），菌落数减少到 2.11~3.17lgCFU/cm² 之间，其中丙酸对乳酸菌的喷淋减菌效果最好，菌落总数降低到 2.11lgCFU/cm²。乳酸与葡萄糖酸处理之间、山梨酸钾与焦磷

酸钠处理之间、丙酸和柠檬酸处理之间差异不显著（$p>0.05$），其中乳酸和葡萄糖酸对鸡胴体的减菌效果较差。此外，酒石酸和柠檬酸喷淋处理后乳酸菌数降低到了 $2.59 \mathrm{lgCFU/cm^2}$ 以下，降低了一个数量级，对鸡胴体表面乳酸菌的减菌效果较好。Del 等研究发现采用 2% 柠檬酸浸泡鸡腿 15min 后，可以将其表面乳酸菌数量减少一个数量级，具有明显地减菌效果，可能因其减菌浸泡处理的时间较长。

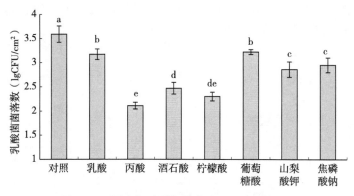

图 2-2 不同有机酸雾化喷淋处理对鸡胴体表面
乳酸菌数量（$\mathrm{lgCFU/cm^2}$）的影响

三、不同有机酸雾化喷淋处理对鸡胴体表面葡萄球菌属数量的影响

由图 2-3 可以看出，不同有机酸喷淋处理后，除了焦磷酸钠处理组与对照组之间差异不显著外（$p>0.05$），其他处理组对鸡胴体表面的葡萄球菌数量都有明显地减少作用（$p<0.05$），与对照组 $3.16 \mathrm{lgCFU/cm^2}$ 相比，菌落数减少到 $1.75 \sim 3.02 \mathrm{lgCFU/cm^2}$ 之间，其中柠檬酸对葡萄球菌属的喷淋减菌效果最好，菌落数降低到 $1.75 \mathrm{lgCFU/cm^2}$。葡萄糖酸与山梨酸钾处理之间、丙酸和酒石酸处理之间、乳酸和葡萄糖酸之间差异不

显著（$p > 0.05$）。丙酸和酒石酸喷淋处理后葡萄球菌数量降低到了 2.16lgCFU/cm^2 以下，降低了一个数量级，对葡萄球菌属的减菌效果较好。Sakhare 等采用 0.5% 的乙酸和乳酸分别对鸡胴体进行喷淋减菌处理，将鸡胴体表面的金黄色葡萄球菌的数量分别减少了 1.8lgCFU/cm^2 和 1.9lgCFU/cm^2，具有较好的减菌效果。Alicia 等采用 2% 的柠檬酸浸泡鸡腿进行减菌化处理 15min 后在 120h 的贮藏期间内可以有效地将金黄色葡萄球菌的数量减少约 2.08lgCFU/cm^2，可以有效地降低食源性致病菌对贮藏期间鸡腿产品的污染。

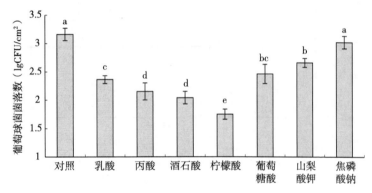

图 2-3　不同有机酸雾化喷淋处理对鸡胴体表面葡萄
球菌属数量（lgCFU/cm^2）的影响

四、不同有机酸雾化喷淋处理对鸡胴体表面假单胞菌数的影响

由图 2-4 可以看出，与对照组 2.89lgCFU/cm^2 相比，不同有机酸喷淋处理对鸡胴体表面的假单胞菌属数量都有明显地减少作用（$p < 0.05$），胴体表面菌落数减少到 $1.17 \sim 2.18\text{lgCFU/cm}^2$ 之间，其中柠檬酸、丙酸、葡萄糖酸和焦磷酸钠处理之间无显著性差异（$p > 0.05$），对胴体表面假单胞菌数的减菌效果最好，

菌落数降低到约 1.17lgCFU/cm²。酒石酸与山梨酸钾处理之间差异不显著（$p > 0.05$）。酒石酸和山梨酸钾喷淋处理后胴体表面假单胞菌属数量也降低到了 1.89lgCFU/cm² 以下，降低了一个数量级，对假单胞菌属的减菌效果较好。

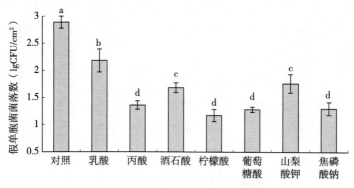

图 2-4　不同有机酸雾化喷淋处理对鸡胴体表面
假单胞菌数（lgCFU/cm²）的影响

五、不同有机酸雾化喷淋处理对鸡胴体表面热杀索丝菌数量的影响

由图 2-5 可以看出，与对照组 2.78lgCFU/cm² 相比，鸡胴体经不同有机酸喷淋处理后，胴体表面的热杀索丝菌数量都明显地减少（$p < 0.05$），胴体表面菌落数减少到 1.48～2.48lgCFU/cm² 之间，其中丙酸和酒石酸处理之间无显著性差异（$p > 0.05$），对胴体表面热杀索丝菌数的减菌效果最好，菌落数降低到约 1.48lgCFU/cm²。此外，乳酸喷淋处理后鸡胴体表面热杀索丝菌落数也降低到了 1.78lgCFU/cm² 以下，降低了一个数量级，对热杀索丝菌的减菌效果较好。Hernando 等采用 2%的柠檬酸浸泡鸡腿进行减菌化处理 15min 后，与未处理的对照组相比，在 120h 的贮藏期间内可以有效地将热杀索丝菌的数量减少约

$2.31 lgCFU/cm^2$，可以有效地降低热杀索丝菌对贮藏期间鸡腿产品的污染。

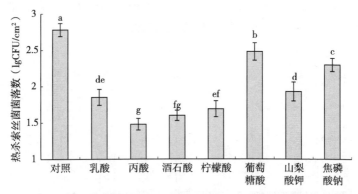

图 2-5　不同有机酸雾化喷淋处理对鸡胴体表面热杀索
丝菌数量（$lgCFU/cm^2$）的影响

六、不同有机酸雾化喷淋处理对鸡胴体表面肠杆菌科数量的影响

由图 2-6 可以看出，与对照组 $3.22 lgCFU/cm^2$ 相比，不同有机酸喷淋处理后对鸡胴体表面的肠杆菌科数量都有明显地减少作用（$p<0.05$），胴体表面菌落数减少到 $1.26\sim2.68 lgCFU/cm^2$ 之间，其中葡萄糖酸的减菌效果最好，经喷淋处理后鸡胴体表面肠杆菌数减少到 $1.26 lgCFU/cm^2$。其中乳酸、丙酸和酒石酸处理之间无显著性差异（$p>0.05$）。此外，柠檬酸喷淋处理后鸡胴体表面肠杆菌科菌落数降低到了 $2.22 lgCFU/cm^2$ 以下，降低了一个数量级，对肠杆菌数的减菌效果较好。Fabrizio 等研究表明，采用乙酸对鸡胴体进行喷淋并没有减少鸡胴体表面的肠杆菌科数量。Del 等研究发现，采用 2% 柠檬酸浸泡鸡腿 15min 后，可以将其表面肠杆菌科数量减少 $1.5 lgCFU/g$，具有明显地减菌效果，可能因其减菌浸泡处理的时间较长。Gonzá 等将新鲜的鸡

腿放入 2％的苹果酸中浸泡减菌处理 5min，结果发现可以有效地降低鸡腿表面肠杆菌科的数量，贮藏 1 天后肠杆菌科数量由 6lgCFU/g 降到 4.67lgCFU/g。

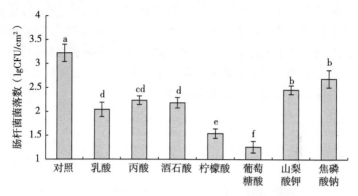

图 2-6　不同有机酸雾化喷淋处理对鸡胴体表面
肠杆菌科数量（lgCFU/cm²）的影响

七、复合有机酸雾化喷淋处理对鸡胴体表面减菌效果的影响

综合以上不同有机酸喷淋处理对鸡胴体表面菌落总数、乳酸菌、葡萄球菌属、假单胞菌属、热杀索丝菌和肠杆菌科的减菌效果，从乳酸、丙酸、酒石酸、柠檬酸、葡萄糖酸、山梨酸钾和焦磷酸钠这几种食品中常用的有机酸及其盐类中，选择减菌效果相对较好的柠檬酸、丙酸和酒石酸进行复配。柠檬酸、丙酸和酒石酸的浓度分别为 1％、0.5％、0.5％（处理组 A），0.5％、0.5％、1％（处理组 B）和 0.5％、1％、0.5％（处理组 C）进行复配后对鸡胴体进行雾化喷淋减菌处理，与对照组相比，鸡胴体表面的菌落总数、乳酸菌、热杀索丝菌、葡萄球菌属、假单胞杆菌属和肠杆菌科的数量均显著下降（$p < 0.05$），其中处理组 B 与处理组 C 对菌落总数、葡萄球菌和肠杆菌的减菌效果差异不

显著（$p>0.05$），处理组 A 与处理组 B、C 对菌落总数、葡萄球菌属和肠杆菌科的减菌效果差异显著（$p<0.05$），处理组 A 的效果最好；处理组 A、B、C 之间对乳酸菌和热杀索丝菌的减菌效果差异不显著（$p>0.05$）；处理组 A、B、C 之间对假单胞菌的差异的减菌效果差异显著（$p<0.05$），处理组 A 的效果最好。因此，确定处理组 A（1％柠檬酸、0.5％丙酸和 0.5％酒石酸）喷淋处理后对鸡胴体的减菌效果最好，且减菌效果好于柠檬酸、丙酸和酒石酸的单独减菌处理。

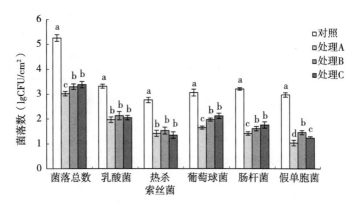

图 2-7　柠檬酸、丙酸和酒石酸复合喷淋对鸡胴体表面的减菌效果

处理 A：1％柠檬酸＋0.5％丙酸＋0.5％酒石酸，处理 B：0.5％柠檬酸＋0.5％丙酸＋1％酒石酸，处理 C：0.5％柠檬酸＋1％丙酸＋0.5％酒石酸

Zhu 等采用 0.5％的乳酸和 1％的柠檬酸对鸡腿进行混合喷淋 30s 的减菌处理，结果表明与对照组相比菌落总数减少了 $1.68lgCFU/cm^2$，假单胞菌属减少了约 $1.85lgCFU/cm^2$，且鸡腿表明的肠杆菌科在未处理前约为 $1.13lgCFU/cm^2$，经复合有机酸处理后已检测不到。目前研究认为，有机酸的抑菌机制主要有两种：一是通过导致细胞质酸化而破坏细胞的能量生产和调控能力；二是将电离的酸离子浓度积累到细胞毒性水平，从而导致微生物细胞死亡。例如，柠檬酸主是通过调控金属离子的螯合或

插入作用破坏细胞膜的稳定性，从而对微生物起到抑制作用。而乳酸主要是直接穿透细胞质膜进入细胞内部，引起细胞内部的 pH 发生变化，从而破坏一些重要的细胞代谢过程。结合本研究和前人的研究结果，采用不同的有机酸对鸡胴体进行混合喷淋可以有效地降低表面常见的腐败性及致病性微生物的数量。

八、复合有机酸雾化喷淋处理对鸡胴体表面色泽的影响

由表 2-1 可知，经 1％柠檬酸、0.5％丙酸和 0.5％酒石酸复合喷淋处理后，鸡胴体表面的 a^*、b^* 和 L^* 值与对照组相比，差异不显著（$p>0.05$），表明复合有机酸喷淋处理不会对鸡胴体的色泽产生影响。

表 2-1 柠檬酸、丙酸和酒石酸复合喷淋对鸡胴体表面色泽的影响

处理方式	色泽		
	a^*	b^*	L^*
对照	10.12±0.94[a]	2.95±1.39[a]	75.22±1.25[a]
处理	10.85±1.32[a]	2.57±1.56[a]	76.48±1.64[a]

注：同列数字后有相同的小写字母表示没有显著性差异（$p>0.05$）。

九、复合有机酸雾化喷淋处理对贮藏期间鸡胴体表面菌落总数的影响

由图 2-8 可知，在 4℃贮藏条件下，对照组样品的菌落总数呈现快速上升的趋势，说明腐败速度较快。对照组在第 5 天时就菌落总数已经超过 $6 lgCFU/cm^2$ 的国家标准，而经过 1％柠檬酸、0.5％丙酸和 0.5％酒石酸溶液雾化喷淋减菌的处理组在第 9 天菌落总数才超过 $6 lgCFU/cm^2$ 的国家标准，说明复合有机酸处理对鸡胴体表面微生物繁殖具有明显地抑制作用。

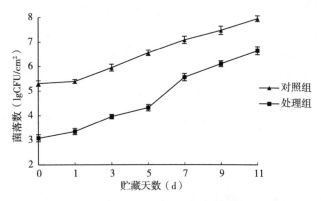

图 2-8　柠檬酸、丙酸和酒石酸复合喷淋对贮藏期间
鸡胴体表面菌落总数（lgCFU/cm²）的影响

十、复合有机酸雾化喷淋处理对贮藏期间鸡胴体 TVB-N 的影响

TVB-N 主要由微生物将肉中的含氮组分降解产生，而其通常被用于评估肉和肉制品的新鲜度及微生物腐败程度的一个重要指标[12,13]。由图 2-9 可知，在 4℃贮藏条件下，随着贮藏时间的增加，经 1％柠檬酸、0.5％丙酸和 0.5％酒石酸雾化喷淋处理组和对照组样品的 TVB-N 值都呈现增加的趋势，复合有机酸喷淋处理后 TVB-N 值增加的趋势减缓，处理组样品的 TVB-N 值到第 5 天时明显低于对照组；在贮存第 7 天时，对照组的 TVB-N 值超过了 GB 2707—2016 的规定（鲜鸡肉中 TVB-N＜15mg/100g），而处理组在第 11 天时才超出国标限量，说明在贮藏期间，复合有机酸喷淋处理后可以有效地延缓鸡胴体的腐败速度。

十一、复合有机酸雾化喷淋处理对对贮藏期间鸡胴体 TBARS 的影响

硫代巴比妥酸（TBARS）是肉类油脂氧化腐败程度的反映，

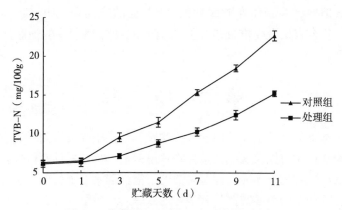

图 2-9　柠檬酸、丙酸和酒石酸复合喷淋对
贮藏期间鸡胴体 TVB-N 的影响

常用来评价肉的新鲜度[14]。由图 2-10 可知，在 4℃贮藏期间，随着时间的增加，经 1％柠檬酸、0.5％丙酸和 0.5％酒石酸雾化喷淋处理组和对照组样品的 TBARS 值均呈增加趋势，说明鸡胴体的油脂腐败随着时间的推移越来越严重，经复合有机酸喷淋处理后 TBARS 值增加的趋势减缓，证明复合有机酸喷淋处理可以

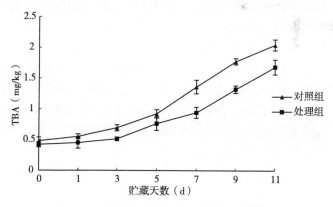

图 2-10　柠檬酸、丙酸和酒石酸复合喷淋对
贮藏期间鸡胴体 TBARS 的影响

有效地抑制鸡胴体在贮藏期间 TBA 值的升高,说明在贮藏期间,复合有机酸喷淋处理后可以有效地降低鸡胴体的油脂腐败程度。

第三节　结　　论

本书从食品工业常用的有机酸及其盐类中筛选得到对鸡胴体表面常见腐败性及病原性微生物喷淋减菌效果较好的有机酸,其中酒石酸对鸡胴体表面菌落总数的喷淋减菌具有最好的效果,丙酸对乳酸菌的喷淋减菌具有最好的效果,柠檬酸对葡萄球菌属的喷淋减菌具有最好的效果,柠檬酸和丙酸对假单胞菌属的减菌效果具有最好的效果,丙酸和酒石酸热杀索丝菌的减菌效果最好,葡萄糖酸对肠杆菌科的喷淋减菌具有最好的效果。

筛选确定柠檬酸、丙酸和酒石酸对鸡胴体表面进行复合喷淋减菌处理,发现 1%柠檬酸、0.5%丙酸和 0.5%酒石酸的复合有机酸对鸡胴体表面的菌落总数、乳酸菌、热杀索丝菌、假单胞菌属、葡萄球菌属和肠杆菌科均具有明显地减菌效果,且减菌效果好于柠檬酸、丙酸和酒石酸的单独减菌处理。经复合有机酸喷淋减菌处理后对鸡胴体色泽的 a^*、b^* 和 L^* 值无明显影响。

经 1%柠檬酸、0.5%丙酸和 0.5%酒石酸的复合有机酸雾化喷淋处理后的肉鸡胴体在 11 天的贮藏期间内,菌落总数、TVB-N 和 TBARS 等指标都明显降低。菌落总数在第 9 天才超过 $6 \lg CFU/cm^2$ 的国家标准,TVB-N 在第 11 天时才超出国标限量,复合有机酸雾化喷淋减菌提高了肉鸡胴体的安全性,有助于延长肉鸡胴体的贮藏期。

第三章 天然减菌剂雾化喷淋对宰后鸡胴体表面的减菌效果研究

随着我国居民消费水平的提高，在过去的 30 年里肉类的消费需求迅速增加，尤其是禽肉产品的消费增加尤为明显，鸡肉消费已经占我国居民禽肉消费的 70％。在 2016 年，我国的鸡肉消费总量已经达到 1.234 万吨，成为仅次于美国的世界第二大鸡肉消费市场。但是，由于我国人口众多，人均消费与世界平均水平还有较大差距，因此我国鸡肉市场具有巨大的发展潜力。但是，肉鸡在商业屠宰的过程中，由于其体表和消化道等均含有大量的腐败性和致病性微生物，在烫浸脱毛和除内脏等屠宰工艺过程中不可避免地对肉鸡胴体造成污染。且肉类中的水分含量较高，营养成分丰富，更易被微生物利用，从而导致冷肉鸡胴体的贮藏期变短，影响最终产品的品质，甚至一些病原微生物的污染还会影响食品安全，导致消费者的健康受到威胁。

肉鸡屠宰生产过程中，肉鸡胴体一般在脱毛和除内脏后以及预冷之前采用喷淋或者浸渍的方式对鸡胴体进行清洗和减菌处理。目前在我国的禽类屠宰加工企业中，肉鸡经脱毛和去内脏后普遍采用将肉鸡胴体浸入次氯酸钠溶液中进行减菌化处理，但在浸泡过程中，由于血水和脂肪等有机物在次氯酸钠溶液浸泡池中的积累及胴体间的交叉污染使减菌效果明显降低。而美国和欧盟国家多采用喷淋的方式减菌，可以有效地减少肉鸡胴体表面的微生物。据报道，采用热水、化学减菌剂（如次氯酸钠、乳酸等）、天然减菌剂（如噬菌体、细菌素等）喷淋或者浸渍肉鸡胴体都能不同程度地减少胴体表面的微生物数量（一般减少 $0.7 \sim 2.5 lgCFU$ 的数量）。随着我国居民生活水平的提高，食品安全问题已经越来越受到人们的关注，安全天然的减菌剂将具有广阔的市场开发前景。天然减菌剂如 Nisin、茶多酚、ε-聚赖氨酸等均源于生物体自身组成成分或其代谢产物，具有天然无毒、安全和可降解等特点，在食品加工与保鲜领域已经被广泛应用。国外有学者已经采用 ε-聚赖氨酸、Nisin 等天然减菌剂对畜禽胴体进行喷淋减菌。目前，国内尚无采用天然减菌剂对肉鸡胴体进行喷淋减菌研究的相关报道，本研究首先应用 Nisin、壳聚糖、茶多酚、ε-聚赖氨酸、姜黄素、溶菌酶和海藻酸钠等食品中常用的天然减菌剂对肉鸡胴体进行雾化喷淋减菌研究，筛选获得减菌效果最佳的 3 种喷淋减菌剂后进行复合使用，以期减少鸡胴体表面常见的腐败性及致病性微生物数量，为有效地提高肉鸡胴体生产过程中的微生物安全控制，延长调理鸡肉产品的货架期提供理论依据。

第一节　研究材料与方法概论

一、试验材料

（一）样品来源

鸡胴体来源于河南省新乡市某肉鸡屠宰加工企业。

（二）主要试剂

Nisin 和 ε-聚赖氨酸：食品级，浙江新银象生物工程有限公司；壳聚糖、茶多酚、姜黄素和海藻酸钠；食品级，郑州苍宇化工产品有限公司；溶菌酶：食品级，天津拓程生物科技有限公司；三氯乙酸：分析纯，天津光复精细化工研究所；2-硫代巴比妥酸：分析纯，南京奥多福尼生物科技有限公司；其他试剂均为国产分析纯。

（三）主要培养基

平板菌落计数琼脂培养基、假单胞菌 CFC 选择性培养基、葡萄球菌选择性培养基、STAA 琼脂培养基、MRS 肉汤和肠道菌计数琼脂均购于青岛海博生物技术有限公司。

（四）主要仪器

SW-CJ-1FD 超净工作台，苏州苏净集团；YXQ-LS-50S 全自动立式压力蒸汽灭菌锅，上海博讯医疗设备有限公司医疗设备厂；Sartorius 微量移液器赛多利斯科学仪器（北京）有限公司；T25 高速匀浆器，德国 IKA 公司；CR-400 色差计，日本美能达公司；HH-42 水浴锅，常州国华电器有限公司；MC 牌电子天平，赛多利斯科学仪器（北京）有限公司。

二、试验方法

（一）样品处理与微生物测定方法

选取河南省新乡市某肉鸡屠宰加工企业生产线经烫毛和除内脏后的鸡胴体进行悬挂，采用 0.5％浓度的 Nisin、ε-聚赖氨酸、溶菌酶、壳聚糖、茶多酚、姜黄素和海藻酸钠分别对烫毛除内脏后的鸡胴体进行雾化喷淋处理，喷淋压力为 280kPa，喷淋距离为 20cm，喷淋时间 60s，平均每只鸡胴体的喷淋总量约为 200mL，雾化喷淋后将鸡胴体悬挂放置 60min 后取样。分别在喷淋前后选取每只肉鸡胴体背部、腹部、颈部、翅部和腿部 5cm×5cm 面积大小的皮肤，以无菌的棉签进行擦拭取样，将棉签分别放入盛有 100mL 的生理盐水中，混匀后进行 10 倍的梯度稀释，选择合适的稀释度后，在不同的选择性培养基琼脂平板上分别涂布 1mL 的稀释液后进行培养，经 37℃，48h 培养后分别根据平板菌落计数琼脂培养基、MRS 琼脂培养基、葡萄球菌选择性培养基、假单胞菌 CFC 选择性培养基、STAA 琼脂培养基和肠道菌计数琼脂上长出的菌落数，检测有机酸喷淋前后肉鸡胴体表面菌落总数、乳酸菌、葡萄球菌属、假单胞菌属、热杀索丝菌和肠杆菌科数量的变化，每种有机酸处理各选 3 只鸡胴体进行测定，同时选 3 只鸡胴体未经任何处理作为对照。筛选得到减菌效果好的有机酸进行复合使用，研究确定最佳的复合喷淋减菌效果。

（二）天然减菌剂复合喷淋减菌效果的测定

选用 Nisin、聚赖氨酸和壳聚糖的浓度分别为（0.2%、0.2%、0.1%），（0.1%、0.2%、0.2%）和（0.2%、0.1%、0.2%）复配后对烫毛除内脏后的鸡胴体进行雾化喷淋减菌，喷淋压力为 280kPa，喷淋距离为 20cm，喷淋时间 60s，平均每只鸡胴体的喷淋总量约为 200mL，雾化喷淋后将鸡胴体悬挂放置 60min 后取样。微生物测定方法同试验方法中（一）。

（三）色泽测定

使用 CR-400 对鸡胴体表面色泽进行测定，采用标准比色板进行校正，标准比色板为 $L^* = 97.22$，$a^* = -0.14$，$b^* = 1.82$。每组样品测定 6 次。其中 L^* 表示亮度值，a^* 表示红度值，b^* 表示黄度值。

（四）硫代巴比妥值（TBARS）测定

TBARS（TBA）值参考 Jonberg 等的方法略做修改。肉样品经绞碎处理后称取 10g 肉样品放入含有 40mL 三氯乙酸（8% w/v）的烧杯中混匀后用高速匀浆机 7 500r/min 匀浆处理 15s。匀浆后静置 1h，然后 3 000r/min、10min 离心取上清液，再经滤纸过滤后用蒸馏水定容至 50mL。取 6mL 滤液于具塞试管中，加 6mL 0.02mol 的 TBA 溶液混均后在 95℃的水浴条件下加热处理 30min，经 5 000r/min、10min 离心处理后，取上清液在 532nm 处测吸光度值，每个试验重复 3 次。以 6mL 的三氯乙酸和 6mL 0.02mol 的 TBA 混合作为空白对照。利用丙二醛和 1，1，3，3-四乙氧基丙烷绘制标准曲线计算 TBA 值。准确吸取相当于丙二醛 10μg/mL 的标准溶液 0、0.1、0.2、0.3、0.4、0.5、0.6mL 置于纳氏比色管中，加水稀释至 3mL，加入 3mL TBA 溶液，然后按样品测定步骤进行，根据测得吸光度值绘制标准曲线。

（五）挥发性盐基氮（TVB-N）测定

冷鲜肉 TVB-N 值参照《GB/T 5009.228—2016 食品安全国家标准食品中挥发性盐基氮的测定》中的半微量定氮法进行测定。肉样品首先经绞碎处理后，称取 20g 加入 100mL 的三氯乙酸振荡浸渍 30min，取 5mL 经滤纸过滤的浸渍液，5mL MgO 悬浊液（10g/L）和 2 滴消泡硅油按顺序加入凯式定氮装置。混合物蒸馏 5min，用 10mL 的硼酸收集蒸馏液，最后用 0.01mol/L 的盐酸进行滴定。TVB-N 值通过下面公式进行计算。

$$TVB-N(mg/100g) = \frac{(V_1 - V_2) \times c \times 14}{m \times 5/100} \times 100$$

式中，V_1——样品液消耗盐酸标准滴定溶液的体积（mL）；

　　　V_2——空白消耗盐酸标准滴定溶液的体积（mL）；

　　　c——盐酸标准滴定溶液的浓度（mol/L）；

　　　14——滴定 1.0mL 盐酸 [c(HCl)＝1.000mol/L] 标准滴定溶液相当于氮的质量（g/mol）；

　　　m——样品体积（mL）。

（六）数据统计分析

试验数据处理采用 SPSS 20.0 软件进行分析，所有试验重复 3 次，试验结果以平均值±标准差表示，显著性分析采用 Duncan 检验，$p < 0.05$ 具有显著性差异。采用 Microsoft Offce Excel 2016 做图。

第二节　天然减菌剂雾化喷淋对宰后鸡胴体表面的减菌效果研究

一、不同天然减菌剂雾化喷淋处理对鸡胴体表面菌落总数的影响

与对照组 5.26lgCFU/cm² 相比，采用不同天然减菌剂喷淋后，壳聚糖对肉鸡胴体菌落总数的喷淋减菌效果最好，菌落总数降低到 3.24lgCFU/cm²。此外，Nisin、茶多酚、ε-聚赖氨酸和姜黄素

喷淋后菌落数也降低到了 4lgCFU/cm² 以下，其中 Nisin、ε-聚赖氨酸、溶菌酶和姜黄素处理组之间的减菌作用差异不显著（$p>0.05$），对鸡胴体表面菌落总数的减菌效果较好（图 3-1）。Sinhamahapatra 等采用热水对鸡胴体进行喷淋减菌，使菌落总数减少了 1.2lgCFU/cm²。Northcutt 等采用氯水对肉鸡胴体进行喷淋减菌，结果表明可以将菌落总数降低约 2.1lgCFU/cm²。以前的报道采用热水或者化学物质对鸡胴体进行喷淋减菌可以达到较好的效果，但是热水温度可能导致肉鸡胴体颜色改变，且化学物质喷淋可能存在残留污染。Benli 等采用聚赖氨酸和酸化硫酸钙对鸡胴体进行喷淋减菌，将鸡胴体表面的菌落总数由 4.7 减少到 3.6lgCFU/cm²。De Martinez 等研究发现，采用 Nisin 对牛胴体进行喷淋减菌的效果较差，仅使菌落数减少了 0.2lgCFU/cm²，而采用 Nisin 和乳酸的混合喷淋可将菌落总数减少 2lgCFU/cm²。虽然以前的报道显示单独使用 Nisin 对牛胴体的减菌效果较差，但是本研究用于鸡胴体的喷淋减菌结果较好，可将菌落总数减少 1.77lgCFU/cm²。

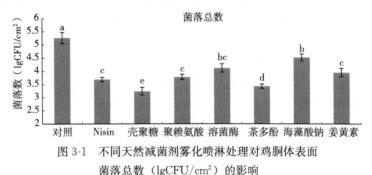

图 3-1　不同天然减菌剂雾化喷淋处理对鸡胴体表面
菌落总数（lgCFU/cm²）的影响

二、不同天然雾化喷淋处理对鸡胴体表面乳酸菌数量的影响

由图 3-2 可以看出，鸡胴体经不同有机酸喷淋处理后，与对照组 3.59lgCFU/cm² 相比，胴体表面的乳酸菌数量都明显减少

（$p<0.05$），菌落数减少到 $2.11\sim3.17$lgCFU/cm^2 之间，其中丙酸对乳酸菌的喷淋减菌效果最好，菌落总数降低到 2.11lgCFU/cm^2。乳酸与葡萄糖酸处理之间、山梨酸钾与焦磷酸钠处理之间、丙酸和柠檬酸处理之间差异不显著（$p>0.05$），其中乳酸和葡萄糖酸对鸡胴体的减菌效果较差。此外，酒石酸和柠檬酸喷淋处理后乳酸菌数降低到了 2.59lgCFU/cm^2 以下，降低了一个数量级，对鸡胴体表面乳酸菌的减菌效果较好。Del 等研究发现采用 2% 柠檬酸浸泡鸡腿 15min 后，可以将其表面乳酸菌数量减少一个数量级，具有明显地减菌效果，可能因其减菌浸泡处理的时间较长。

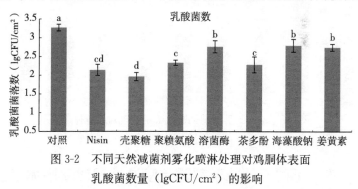

图 3-2　不同天然减菌剂雾化喷淋处理对鸡胴体表面
乳酸菌数量（lgCFU/cm^2）的影响

三、不同天然减菌剂雾化喷淋处理对鸡胴体表面葡萄球菌属数量的影响

与对照组 3.31lgCFU/cm^2 相比，采用不同天然减菌剂喷淋后，壳聚糖对葡萄球菌数的减菌效果最好，肉鸡胴体葡萄球菌数降低到 1.84lgCFU/cm^2。此外，ε-聚赖氨酸、茶多酚和姜黄素喷淋后菌落数也降低到 2.32lgCFU/cm^2 以下，对肉鸡胴体表面葡萄球菌的减菌效果较好，溶菌酶的减菌效果最差，仅由 3.31lgCFU/cm^2 减少到 3.03lgCFU/cm^2，见图 3-3。Sakhare 等采用 0.5% 的乙酸和乳酸分别对鸡胴体进行喷淋减菌处理，将鸡胴体表面的金黄色葡萄球菌的数量分别减少了 1.8lgCFU/cm^2 和

$1.9 \lg CFU/cm^2$，具有较好地减菌效果。夏小龙等采用热水结合乳酸喷淋处理鸡胴体后，鸡肉产品的金黄色葡萄球菌最终检出率由37.5％降低到9.76％。金黄色葡萄球菌是一种常见的食源性致病菌，能产生肠毒素，尤其易引起动物性食品的食物中毒，在美国已经占整个细菌性食物中毒的33％。根据前人的报道及本试验的研究结果表明，采用喷淋的方式可有效地减少葡萄球菌对肉鸡胴体表面的污染，降低肉鸡胴体在贮藏期间的食品安全风险。

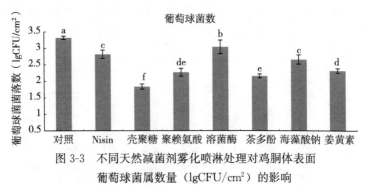

图 3-3　不同天然减菌剂雾化喷淋处理对鸡胴体表面

葡萄球菌属数量（$\lg CFU/cm^2$）的影响

四、不同天然减菌剂雾化喷淋处理对鸡胴体表面假单胞菌数的影响

与对照组 $3.28 \lg CFU/cm^2$ 相比，采用不同天然减菌剂喷淋后，壳聚糖对肉鸡胴体表面假单胞菌数的减菌效果最好，假单胞菌数降低到 $1.42 \lg CFU/cm^2$。此外，Nisin、壳聚糖、茶多酚和海藻酸钠喷淋处理后菌落数也降低到了 $2.38 \lg CFU/cm^2$，对肉鸡胴体表面肠杆菌科的减菌效果较好，其中茶多酚和海藻酸钠处理组之间差异不显著（$p > 0.05$），见图 3-4。假单胞菌能适应 $4℃$ 的低温冷藏条件下进行正常生长，是导致冷鲜鸡肉腐败的优势菌，常被作为肉品加工卫生、贮藏品质和货架期预测的指示菌。因此，研究和控制肉鸡胴体中的假单胞菌数量有助于提高冷鲜鸡肉的贮藏质量。杨万根等采用 Nisin、溶菌酶、植酸和壳聚糖等天然减菌剂对

牛肉进行浸泡减菌处理，贮藏放置10天后发现Nisin和溶菌酶对假单胞菌的减菌效果最好。本研究的结果也表明经天然减菌剂喷淋处理后可以有效地减少肉鸡胴体表面的假单胞菌数量。

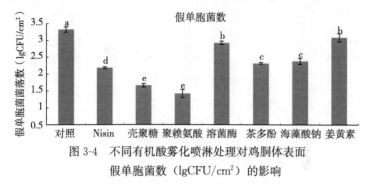

图3-4 不同有机酸雾化喷淋处理对鸡胴体表面
假单胞菌数（lgCFU/cm²）的影响

五、不同天然减菌剂雾化喷淋处理对鸡胴体表面热杀索丝菌数量的影响

与对照组2.62lgCFU/cm²相比，采用不同天然减菌剂喷淋后，Nisin对肉体胴体表面热杀索丝菌数的减菌效果最好，热杀索丝菌数降低到1.25lgCFU/cm²。此外，采用壳聚糖和溶菌酶喷淋后热杀索丝菌数也降低到了1个数量级，对鸡胴体表面热杀索丝菌的减菌效果较好。而姜黄素、海藻酸钠和茶多酚的减菌效果较差，尤其是姜黄素几乎无减菌效果，喷淋处理后的鸡胴体表面的热杀索丝菌数与对照组差异不显著（$p > 0.05$），见图3-5。热杀索丝菌是冷鲜肉中的一种优势腐败菌，其可以产生大量的蛋白酶，导致肌原纤维蛋白和肌浆蛋白的降解，从而导致冷鲜肉的腐败。研究表明，当在牛肉中同时接种热杀索丝菌、乳酸菌、假单胞菌和肠杆菌后进行贮藏，热杀索丝菌会成为优势腐败菌。本研究发现在肉鸡胴体中，热杀索菌的污染也比较严重，经脱毛和去内脏后胴体表面的热杀索丝菌数量达到了2.62lgCFU/cm²。采用天然减菌剂进行喷淋减菌处理后可以有效的减少热杀索丝菌

数量，减缓肉鸡胴体在贮藏期间的腐败过程。

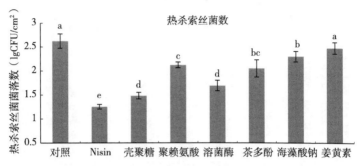

图 3-5　不同天然减菌剂雾化喷淋处理对鸡胴体表面热杀
索丝菌数量（lgCFU/cm²）的影响

六、不同天然减菌剂雾化喷淋处理对鸡胴体表面肠杆菌科数量的影响

与对照组 $2.86 lgCFU/cm^2$ 相比，采用不同天然减菌剂喷淋后，ε-聚赖氨酸对肉鸡胴体表面肠杆菌数的减菌效果最好，肠杆菌数降低到 $1.12 lgCFU/cm^2$。此外，经壳聚糖、溶菌酶、茶多酚和海藻酸钠喷淋后菌落数也降低了一个数量级，对肉鸡胴体表面肠杆菌的减菌效果较好，其中茶多酚和海藻酸钠处理组之间，溶菌酶和壳聚糖处理之间差异不显著（$p > 0.05$），见图3-6。肠杆菌科是一类生物学性状相似的革兰氏阴性杆菌，常寄居于人和动物的肠道内，大多数是肠道正常菌群，少数为条件致病菌，如鼠伤寒沙门氏菌、志贺氏菌和致病性大肠杆菌等。Fabrizio 等研究表明，采用乙酸对鸡胴体进行喷淋并没有减少鸡胴体表面的肠杆菌科数量。Del 等采用酸化的亚氯酸钠浸泡处理鸡腿可将肠杆菌的数量减少 $1.5 lgCFU/g$。Benli 等采用聚赖氨酸结合酸化的硫酸钙对人工污染后的鸡胴体进行喷淋减菌，将鸡胴体表面的沙门氏菌和大肠杆菌分别由 6.2 和 $4.01 lgCFU/cm^2$ 减少到 4.7 和

1.4lgCFU/cm^2。所以，采用减菌剂对肉鸡胴体进行减菌处理后可以有效地减少肠杆菌科的污染。

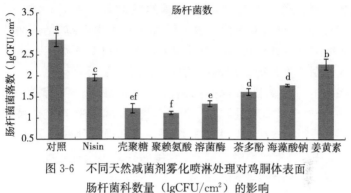

图 3-6　不同天然减菌剂雾化喷淋处理对鸡胴体表面
肠杆菌科数量（lgCFU/cm^2）的影响

七、复合天然减菌剂雾化喷淋处理对鸡胴体表面减菌效果的影响

目前尚无一种减菌剂能单独有效地抑制食品中常见的腐败性和致病性微生物。由于不同的天然减菌剂抑菌原理不同，将其进行复合使用，发挥其协同效应，是提高其减菌效果的一种有效方法。本研究考察以上几种食品中常用的天然减菌剂对鸡胴体表面常见的菌落总数、乳酸菌、葡萄球菌、假单胞菌、热杀索丝菌和肠杆菌的雾化喷淋减菌结果，筛选出 Nisin、聚赖氨酸和壳聚糖这 3 种喷淋减菌效果较好的天然减菌剂进行复配后对肉鸡胴体进行雾化喷淋减菌。与对照组相比，经不同复配组喷淋减菌处理后，鸡胴体表面的菌落总数、乳酸菌、热杀索丝菌、葡萄球菌属、假单胞杆菌属和肠杆菌科的数量均显著下降（$p < 0.05$）。其中处理组 A 与处理组 C 对菌落总数、肠杆菌科和假单胞菌属的减菌效果差异不显著（$p > 0.05$），对乳酸菌、热杀索丝菌和葡萄球菌属的减菌效果显著（$p < 0.05$），处理组 A 对乳酸菌的减菌效果好于处理组 C，而处理组 C 对热杀索丝菌和葡萄球菌的

减菌效果好于处理组 A；处理组 A 和处理组 B 对乳酸菌、热杀索丝菌和肠杆菌科的减菌效果差异不显著（$p > 0.05$），对菌落总数、葡萄球菌属和假单胞菌属的减菌效果差异显著（$p < 0.05$），处理组 B 对菌落总数、葡萄球菌属和假单胞菌属的减菌效果明显好于处理组 A；处理组 B 与处理组 C 对菌落总数、热杀索丝菌、葡萄球菌属的减菌效果差异不显著（$p > 0.05$），对乳酸菌、肠杆菌科和假单胞菌属的减菌效果差异显著（$p < 0.05$），处理组 B 对乳酸菌、肠杆菌科和假单胞菌属的减菌效果好于处理组 C。结合以上试验结果，最终确定处理组 B（0.1% Nisin、0.2% 聚赖氨酸和 0.2% 壳聚糖）雾化喷淋处理后对肉鸡胴体表面的减菌处理效果最好，且减菌效果优于 Nisin，聚赖氨酸和壳聚糖的单独减菌处理。目前研究认为，天然减菌剂的抑菌原理不同，如 Nisin 主要通过革兰氏阳性菌细胞膜表面磷脂的静电作用被吸附，然后通过破坏细胞膜从而形成小孔导致细胞内容物外泄，并影响主要生理功能基因的转录从而导致细胞死亡；壳聚糖主要通过分子交联结构的形成吸附菌体，同时破坏细胞膜和细胞壁，提高碱性磷酸酶与 6-磷酸葡萄糖脱氢酶的释放量，使细菌表面形成一层高分子膜，从而阻碍细菌获取养分的通道，最终导致细菌死亡；而 ε-聚赖氨酸主要是通过改变细胞膜结构和细胞内外电势，是内容物泄露，并通过与细菌 DNA 结合进而抑制细菌细胞的代谢与繁殖，最终起到抑菌和杀菌作用。所以考虑到不同减菌剂的协同作用，很多研究已经将不同减菌剂进行复合使用提高对鸡胴体的减菌效果。Fabrizio 等复合使用磷酸钾和月桂酸对鸡胴体进行减菌处理，可以有效地减少菌落总数、假单胞菌属、葡萄球菌属和肠球菌的数量。Benli 等采用聚赖氨酸和酸化的硫酸钙对人工污染后的鸡胴体进行喷淋减菌，可以有效的减少鸡胴体表面的沙门氏菌、大肠杆菌和嗜冷菌的数量。Shefet 等采用 Nisin 和 EDTA、柠檬酸结合对鸡胴体进行浸泡减菌处理，可有效地减少鸡胴体表面沙门氏菌的数量。Leonard 等采用柠檬酸

和癸酸钠盐结合对鸡胴体进行减菌处理，可有效的减少鸡胴体表面的菌落总数、肠杆菌科和弯曲杆菌属的数量。结合前人和本研究结果表明，采用不同的生物减菌对鸡胴体进行复合喷淋可以有效地降低鸡胴体表面常见的腐败性及致病性微生物的数量。

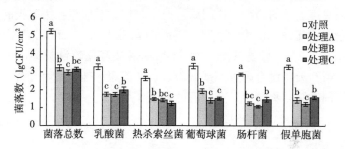

图 3-7　Nisin、聚赖氨酸和壳聚糖复合喷淋对鸡胴体表面的减菌效果

处理 A：0.2%Nisin＋0.2% ε-聚赖氨酸＋0.1%壳聚糖，处理 B：0.1%Nisin＋0.2% ε-聚赖氨酸＋0.2%壳聚糖，处理 C：0.2%Nisin＋0.1% ε-聚赖氨酸＋0.2%壳聚糖

八、复合天然减菌剂雾化喷淋处理对鸡胴体表面色泽的影响

由表 3-1 可知，经 0.1%Nisin、0.2% ε-聚赖氨酸和 0.2%壳聚糖复合喷淋减菌处理后，肉鸡胴体表面的 a^*、b^* 和 L^* 值与对照组相比，无显著性差异（$p>0.05$），因此表明复合天然减菌剂喷淋处理不会对肉鸡胴体的色泽产生影响。

表 3-1　Nisin、ε-聚赖氨酸和壳聚糖复合喷淋对鸡胴体表面色泽的影响

处理方式	色泽		
	a^*	b^*	L^*
对照	1.78±0.52a	7.86±0.86a	76.54±1.43a
处理	2.15±0.39a	8.64±0.67a	74.26±2.08a

注：同列数字后有相同的小写字母表示没有显著性差异（$p>0.05$）。

九、复合天然减菌剂雾化喷淋处理对贮藏期间鸡胴体表面菌落总数的影响

由图 3-8 可知，在 4℃贮藏条件下，对照组样品的菌落总数呈现快速上升的趋势，说明腐败速度较快。对照组在第 5 天时就菌落总数已经超过 6lgCFU/cm² 的国家标准，而经过 0.1% Nisin＋0.2%聚赖氨酸＋0.2%壳聚糖溶液雾化喷淋减菌的处理组在第 9 天还没有超过 6lgCFU/cm² 的国家标准，说明复合天然保鲜剂对微生物繁殖具有明显的抑制作用。

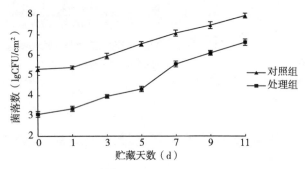

图 3-8　Nisin、ε-聚赖氨酸和壳聚糖复合喷淋对贮藏期间
鸡胴体表面菌落总数（lgCFU/cm²）的影响

十、复合天然减菌剂雾化喷淋处理对贮藏期间鸡胴体 TVB-N 的影响

TVB-N 主要由微生物将肉中的含氮组分降解产生，通常被用于评估肉和肉制品的新鲜度及微生物腐败程度的一个重要指标。由图 3-9 中可知，在 4℃贮藏期间，随着时间的增加，经复合生物保鲜剂喷淋处理组和对照组样品的 TVB-N 值都在增加，处理组样品的 TVB-N 值在第 3 天时就已经低于对照组，在贮存第 7 天时，对照组的 TVB-N 值超过了 GB 2707—2016 的规定

（鲜鸡肉中 TVB-N＜15mg/100g），而处理组在第 11 天时才超出国标限量，说明在整个贮藏期间，复合天然保鲜剂喷淋处理后可以延缓鸡胴体的腐败速度。

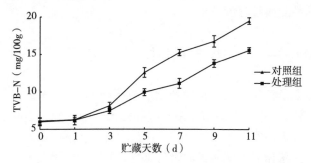

图 3-9　Nisin、ε-聚赖氨酸和壳聚糖复合喷淋对
贮藏期间鸡胴体 TVB-N 的影响

十一、复合天然减菌剂雾化喷淋处理对对贮藏期间鸡胴体 TBARS 的影响

硫代巴比妥酸（TBA）是肉类油脂氧化腐败程度的反映，常用来评价肉的新鲜度。由图 3-10 可知，在 4℃贮藏期间，随着时间的增加，经复合生物保鲜剂喷淋处理组和对照组样品的

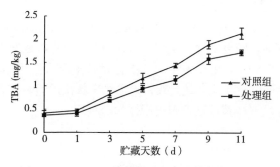

图 3-10　Nisin、ε-聚赖氨酸和壳聚糖复合喷淋对
贮藏期间鸡胴体 TBA 的影响

TBA 值均呈增加趋势，表明鸡胴体的油脂腐败随着时间的推移越来越严重，经复合生物保鲜剂喷淋处理可抑制 TBA 值的升高，在整个贮藏期间，复合生物保鲜剂喷淋处理后可有效降低鸡胴体的油脂腐败程度。

第三节 结 论

研究了食品加工中常用的天然减菌剂 Nisin、壳聚糖、茶多酚、ε-聚赖氨酸、姜黄素、溶菌酶和海藻酸钠 7 种天然减菌剂对肉鸡胴体表面常见腐败性及病原性微生物的喷淋减菌效果。结果表明，壳聚糖对鸡胴体表面菌落总数、乳酸菌、葡萄球菌和假单胞的喷淋减菌具有最好的效果，Nisin 对热杀索丝菌的减菌效果最好，ε-聚赖氨酸对肠杆菌科的喷淋减菌具有最好的效果。

筛选确定 Nisin、ε-聚赖氨酸和壳聚糖对鸡胴体表面进行复合喷淋减菌处理，发现 0.1% Nisin、0.2% ε-聚赖氨酸和 0.2% 壳聚糖的复合天然减菌剂对鸡胴体表面的菌落总数、乳酸菌、热杀索丝菌、假单胞菌属、葡萄球菌属和肠杆菌科均具有明显地减菌效果，且减菌效果好于 Nisin、ε-聚赖氨酸和壳聚糖的单独减菌处理。经复合天然减菌剂喷淋减菌处理后对鸡胴体色泽的 a^*、b^* 和 L^* 值无明显影响。

经 0.1%Nisin、0.2% ε-聚赖氨酸和 0.2%壳聚糖的复合生物减菌剂雾化喷淋处理后的肉鸡胴体在 11 天的贮藏期间内，菌落总数、TVB-N 和 TBARS 等指标都明显降低。菌落总数和 TVB-N 均在第 11 天才超过鸡肉产品国家标准限量，复合天然减菌剂雾化喷淋减菌可延长肉鸡胴体的贮藏期。

第四章 冰温对鸡胸肉贮藏
过程中品质的影响

　　鸡肉仅次于猪肉，产量位居世界第二，2016 年全球鸡肉总消费量为 9 845.2 万吨，鸡肉以其丰富的营养价值、较低的生产成本及独有的风味，深受广大消费者青睐[1,2]，但是，由于鸡肉含水量高、营养丰富等特点，导致失水严重，易滋生微生物，而造成品质急剧下降，肉品腐烂变质。鸡肉常温货架期不足 2d，冷藏货架期不足 5d，而冷冻贮藏不利于产品风味和营养的保持[3,4]。因此，创新鸡肉保鲜技术、延长鸡肉的保质期、最大限度的保持鸡肉鲜度和营养价值，成为高品质生鲜鸡肉和鸡肉调理制品急需解决的问题。

　　将冰温技术利用在农产品、水产品贮藏上，相比于冷藏，保藏时间更长并且新鲜度更高。冻藏虽然保存时间较长，但是存在着冻结时营养成分向外流失味道大减的缺点，而冰温技术则具有既不破坏细胞也不流失汁液的优点。为研究冰温贮藏食品的新鲜度变化及货架期，本试验通过对比冰温和冷藏期间，鸡胸肉理化性质、菌落总数、电导率及流变学特性的影响变化，阐明两种保鲜方法对鸡胸肉的保鲜效果，为冰温保鲜技术的推广利用提供数据支持。

第一节　研究材料与方法概论

一、试验材料

(一) 样品来源

新鲜鸡胸肉购自河南新乡世纪华联超市。

(二) 主要试剂

牛血清蛋白 Sigma-Aldrich；NA 培养基，海博生物技术有限公司；其他试剂均为分析纯，国药集团化学试剂有限公司。

(三) 主要仪器

SW-CJ-1FD 超净工作台，苏州苏净集团；YXQ-LS-50S 全自动立式压力蒸汽灭菌锅，上海博讯医疗设备有限公司医疗设备厂；Sartorius 微量移液器，赛多利斯科学仪器（北京）有限公司；LRH-150CA 低温培养箱上海一恒科学仪器有限公司；T25 高速匀浆器，德国 IKA 公司；pH 计，精密科学仪器（上海）有限公司；CR-400 色差计，日本美能达公司；HH-42 水浴锅，常州国华电器有限公司；MC 电子天平，赛多利斯科学仪器（北京）有限公司；TA. XT2I 物性测试仪，英国 StableMicro System 公司；电导率仪，梅特勒—托利多（上海）仪器有限公司；MCR301 流变仪，Anton Paar（奥地利）公司。

二、试验方法

(一) 原料预处理

取新鲜鸡胸肉，在无菌条件下去除表面脂肪、筋膜及可分离的结缔组织，沿垂直肌纤维方向将其切成形状规则的肉样（3cm×5cm×2cm，30g 左右），将分隔好的肉样放入保鲜盒中，其中每保鲜盒中放入 5 块肉样，共计 12 盒，将 12 盒样品随机分成冰温组和冷藏组，每组处理如下：冰温组放入－1.5℃下，冷藏组放入 4℃冰箱中存放。分别于贮藏期第 0、2、4、6、8、10、12、

14、16 天进行各项指标的测定，其中冷藏组在第 8 天以后腐败变质即丢弃不进行指标测试。

（二）保水性的测定

保水性主要通过离心损失率、滴水损失率、蒸煮损失率进行来衡量。离心损失率参考 Zhou 等的方法进行测定，取 10g 左右的肉样（m_0），用滤纸包裹后放入离心管中，于冷冻离心机中以 5 000r/min 离心 10min 后，取出肉样称取质量（m_1），并通过如下公式计算离心损失率：离心损失率（%）＝（m_0-m_1）×$100/m_0$。

滴水损失率参照 Zhou 等的方法进行测定，取 10g 左右的肉样（m_0），分别记录悬挂前和 0～4℃环境下悬挂 24h 后除去表面水分的重量 m_1，通过如下公式计算滴水损失率：滴水损失率（%）＝（m_0-m_1）×$100/m_0$。

蒸煮损失率参照高晓平等的方法进行测定，取 10g 左右的肉样，分别记录蒸煮前和蒸煮后除去表面水分的重量 m_0、m_1，通过如下公式计算蒸煮损失率：蒸煮损失率（%）＝（m_0-m_1）×$100/m_0$。

（三）pH 测定

参考 GB 5009.237—2016《食品安全国家标准　食品 pH 值的测定》，使用 pH 计进行测定。

（四）色泽的测定

对样品横截面取 5 个部分进行色差测定，分别记录数据亮度值（L^*），红度值（a^*），黄度值（b^*）。

（五）菌落总数的测定

参考 GB 4789.2—2016《食品安全国家标准　食品微生物学检验　菌落总数测定》进行菌落总数的测定。

（六）挥发性盐基氮（TVB-N）测定

冷鲜肉 TVB-N 值参照《GB/T 5009.228—2016 食品安全国家标准食品中挥发性盐基氮的测定》中的半微量定氮法进行测

定。肉样品首先经绞碎处理后，称取 20g 加入 100mL 的三氯乙酸振荡浸渍 30min，取 5mL 经滤纸过滤的浸渍液，5mL MgO 悬浊液（10g/L）和 2 滴消泡硅油按顺序加入凯式定氮装置。混合物蒸馏 5min，用 10mL 的硼酸收集蒸馏液，最后用 0.01mol/L 的盐酸进行滴定。TVB-N 值通过下面公式进行计算。

$$TVB-N(mg/100g) = \frac{(V_1 - V_2) \times c \times 14}{m \times 5/100} \times 100$$

式中，V_1——样品液消耗盐酸标准滴定溶液的体积（mL）；

$\quad\quad V_2$——空白消耗盐酸标准滴定溶液的体积（mL）；

$\quad\quad c$——盐酸标准滴定溶液的浓度（mol/L）；

$\quad\quad 14$——滴定 1.0mL 盐酸 $[c(HCl) = 1.000mol/L]$ 标准滴定溶液相当于氮的质量（g/mol）；

$\quad\quad m$——样品体积（mL）。

（七）硫代巴比妥值（TBARS）测定

TBARS（TBA）值　参考 Jonberg 等的方法略作修改。肉样品经绞碎处理后称取 10g 肉样品放入含有 40mL 三氯乙酸（8% w/v）的烧杯中混匀后用高速匀浆机 7 500r/min 匀浆处理 15s。匀浆后静置 1h，然后 3 000r/min、10min 离心取上清液，再经滤纸过滤后用蒸馏水定容至 50mL。取 6mL 滤液于具塞试管中，加 6mL 0.02mol 的 TBA 溶液混均后在 95℃的水浴条件下加热处理 30min，经 5 000r/min、10min 离心处理后，取上清液在 532nm 处测吸光度值，每个试验重复 3 次。以 6mL 三氯乙酸和 6mL 0.02mol 的 TBA 混合作为空白对照。利用丙二醛和 1，1，3，3-四乙氧基丙烷绘制标准曲线计算 TBA 值。准确吸取相当于丙二醛 10μg/mL 的标准溶液 0、0.1、0.2、0.3、0.4、0.5、0.6mL 置于纳氏比色管中，加水稀释至 3mL，加入 3mL TBA 溶液，然后按样品测定步骤进行，根据测得吸光度值绘制标准曲线。

（八）电导率的测定

参考杨秀娟等的方法，准确称取 10.00±0.01g 的肉样，加入 100mL 蒸馏水，用匀浆机 8 000r/min 匀浆，充分搅拌均匀。将电导电极插入试样中进行读数，读数精确到 0.01mS/cm，同一个试样进行两个平行测定。

（九）动态流变的测定

参考 Yasin 等的方法，略作修改。将肉样切碎后，均匀涂抹于圆形平板探头之间，间隙为 0.5mm。参数设置：起始温度设置为 20℃，保持 10min，后以 2℃/min 的升温速率上升至 80℃。同时，在频率固定为 0.1Hz 下对样品进行连续剪切，测定储能模量（G'）随温度的变化情况。

（十）数据处理分析

采用 Excel 进行数据的整理和作图，SPSS 20.0 进行方差分析，利用 Duncan 法进行多重比较，每个处理组重复 6 次，数据结果表示为 $\pm SD$。

第二节　冰温对鸡胸肉贮藏
过程中品质的影响

一、冰温对鸡胸肉保水性的影响

肉品保水性主要通过蒸煮损失率、滴水损失率及离心损失率进行评价，保水性的高低直接决定了肉品的色泽、风味、质地、嫩度等。冰温对鸡胸肉贮藏期间保水性的影响如图 4-1 所示，结果表明，随着时间的推移，鸡胸肉保水性呈不同程度下降的趋势，但是在冰温（－1.5℃）贮藏能显著地抑制鸡胸肉蒸煮损失率的下降程度（$p<0.05$），从第 6 天开始，4℃下贮藏的鸡胸肉离心损失率显著地高于－1.5℃处理组，其中第 6 天时，4℃和－1.5℃两组的鸡胸肉离心损失率分别为 30.45％和 24.87％。对于鸡胸肉滴水损失率的变化，从第 4 天开始，4℃下贮藏的鸡胸肉滴水损失率显著地高于－1.5℃处理组。冰温对蒸煮损失率的影响如图 4-1c 所示，结果表明冰温贮藏能显著的抑制鸡胸肉蒸

煮损失率的下降程度，其中 4℃下贮藏的鸡胸肉蒸煮损失率下降率为 1.91％，而－1.5℃下鸡胸肉的下降率为 1.03％。

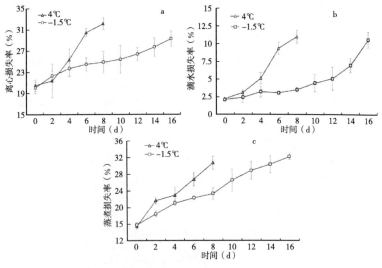

图 4-1　冰温对鸡胸肉保水性的影响
a. 离心损失率　b. 滴水损失率　c. 蒸煮损失率

二、冰温对鸡胸肉色泽的影响

肉及肉制品的色泽是最先影响消费者的感官指标之一，冰温贮藏对鸡胸肉色泽的影响如图 4-2 所示，由图 4-2 中可以看出，随着贮藏时间的延长，亮度值（L^*）和红度值（a^*）呈显著下降的趋势（$p < 0.05$），黄度值（b^*）呈显著上升的趋势（$p < 0.05$）。冰温组从第 4 天开始，鸡胸肉的 L^* 值显著地高于冷藏组。但是 a^* 值和 b^* 值在 8d 内冷藏组和冰温组无显著差异。L^* 值的降低主要是由于肉品内部微生物及内源酶的作用发生着复杂的包括脂肪氧化、色素降解之类的生物变化，这些反应使得鸡肉颜色相对变暗，亮度有所降低，而肉品 a^* 值的下降主

要是肌肉中呈鲜红色的氧合肌红蛋白随着贮藏时间的延长转化成棕褐色的高铁肌红蛋白所导致，b^* 值的升高由于脂肪的氧化会使表面呈现出黄色，因此随着贮藏时间的延长，b^* 值正常情况下会逐渐增大。

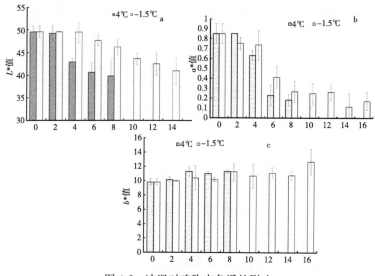

图 4-2　冰温对鸡胸肉色泽的影响

a. L^* 值　　b. a^* 值　　c. b^* 值

三、冰温对鸡胸菌落总数的影响

冰温贮藏对鸡胸肉菌落总数的影响如图 4-3 所示，由表 4-3 中可以看出，随着贮藏时间的延长，菌落总数呈上升的趋势。冰温组与冷藏条件下相比，菌落总数增长的速率明显低。鸡脯肉在 4℃ 下贮藏 8d 后，鸡胸肉的菌落总数为 6.37lg CFU/g，已超过国家标准所规定的 6lgCFU/g 的要求，鸡胸肉已经变质，而 −1.5℃ 贮藏条件下，直到第 16 天鸡脯肉才有变质的迹象。显然，冰温有利于鸡胸肉贮藏，可以有效地延长货架期。这一结果与白艳红等的研究结果相似，在冰温条件下，食品中的水分子排布有序，供微生物利用的自由水含量较少，微生物的生长繁殖受到抑制，从而达到抑制微生物生长的效果。

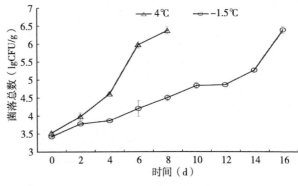

图 4-3　冰温对鸡胸肉色泽的影响

四、冰温对鸡胸菌落 pH 的影响

不同贮藏温度对鸡胸肉 pH 的影响如图 4-4 所示，由图 4-4 中不同处理下的鸡胸肉 pH 均随着贮藏时间的延长呈现上升的趋势，相对于冷藏组，冰温组能显著地抑制 pH 的上升趋势，冷藏组贮藏至第 8 天时，pH 升至 6.88，已是腐败变质肉（一级鲜度

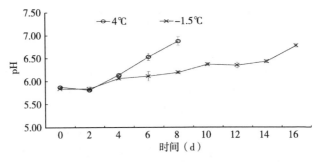

图 4-4　冰温对鸡胸肉 pH 的影响

pH 5.8~6.2，二级鲜度 pH 6.3~6.6，腐败变质肉 pH≥6.7）。而此时冰温组的 pH 6.2，仍为一级鲜度。导致 pH 上升的原因主要是在贮藏过程中肉品中的蛋白质和氨基酸被代谢会产生碱性基团和胺类物质，导致 pH 上升，另外，鸡胸肉中微生物的增殖和影响糖酵解等物质能量代谢的酶活性均受到一定程度的抑制，致使产酸反应减弱。

五、冰温对鸡胸肉 TVB-N 的影响

不同贮藏温度对鸡胸肉 TVB-N 值的影响如图 4-5 所示，由图中可知不同处理下鸡胸肉 TVB-N 值均呈现上升的趋势，其中冰温组的 TVB-N 的上升趋势显著地低于冷藏组。从第 2 天开始冰温组的 TVB-N 值就显著地低于冷藏组（$p < 0.05$），冷藏组在贮藏第 6 天时，鸡胸肉的 TVB-N 值已经达到 18.31mg/100g，为二级鲜度，此时冰温组仅为 10.13mg/100g，仍为一级鲜度。挥发性盐基氮是由于微生物活动使蛋白质和非蛋白质的含氮化合物降解而产生的，是鸡肉新鲜度的指标之一。通常一级鲜度值小于 15.00mg/100g，二级鲜肉不大于 25.00mg/100g，而变质肉大于 25.00mg/100g[19]。

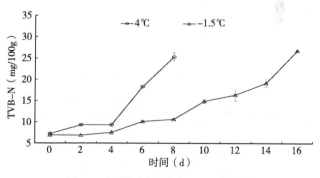

图 4-5　冰温对鸡胸肉 TVB-N 的影响

六、冰温对鸡胸肉 TBARS 的影响

不同贮藏温度对鸡胸肉 TBARS 值的影响如图 4-6 所示，由图中可知不同处理下鸡胸肉 TBARS 值均呈现上升的趋势，其中冰温组的 TBARS 的上升趋势显著地低于冷藏组。从第 6 天开始冰温组的 TVB-N 值就显著地低于冷藏组（$p < 0.05$）。冷藏组在贮藏第 8 天时，鸡胸肉的 TBARS 值已经高达 1.05mg/100g，而此时冰温组仅为 0.54mg/100g。脂质过氧化的降解产物之一丙二醛，可以与硫代巴比妥酸成色，通过检测肉品的值可以反映出肉品中的变化趋势。是多不饱和脂肪酸过氧化物的降解产物，同时会引起蛋白质、核酸等生命大分子的交联聚合，且具有细胞毒性。脂质氧化产生酸败味，是肉类制品贮藏保鲜过程中品质恶化的主要原因，同时影响肉品的营养价值的降低。

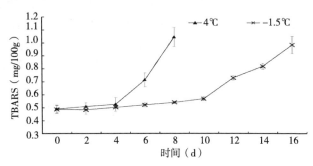

图 4-6　冰温对鸡胸肉 TBARS 的影响

七、冰温对鸡胸肉电导率的影响

不同贮藏温度对鸡胸肉电导率的影响如图 4-7 所示，由图中可知不同处理下鸡胸肉电导率值均呈现上升的趋势，其中冰温组电导率的上升趋势显著地低于冷藏组。从第 4 天开始，冰温组的电导率显著地低于冷藏组（$p < 0.05$），肉品在贮藏过程中组分

会发生分解，其产物中含有大量具有导电性的物质（如 Na^+、Cl^-，K^+等离子），从而根据其浸液的电导率值高低来推断其新鲜度。

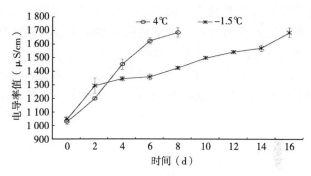

图 4-7　冰温对鸡胸肉电导率的影响

八、冰温对鸡胸肉流变学特性的影响

动态流变学特性反映了肌原纤维蛋白热变性的特点，其中储能模块（G'）可以用于反映鸡肉在贮藏过程中蛋白网状弹性要素的改变，图 3-8 反映了不处理下鸡胸肉 G' 的变化，由图 4-7 中可知鸡胸肉 G' 经历了 3 个阶段，即凝胶形成区、凝胶减弱区和凝胶加强区，这一变化趋势与王希希等[22]的研究结果相似。不同处理组均随着贮藏时间的延长，凝胶减弱区的温度区间逐渐后移，最小 G' 值呈逐渐降低的趋势，达到最小值 G' 所需温度也由起初的 53℃升高到贮藏后期的 64℃。与冷藏组相比，冰温组 G' 值的最小值有升高的趋势，达到最小 G' 值所需温度呈逐渐降低的趋势。第 8 天时，冷藏组的最小 G' 值为 2 639.04Pa，达到最小值的温度为 62.61℃，而此时冰温组最小 G' 值为 3 390.91Pa，达到最小值的温度为 57.52℃。凝胶减弱过程，蛋白开始变性，肌球蛋白尾部的解螺旋导致蛋白的流动性增强，不同程度地破坏了蛋白的网络结构，导致 G' 值明显降低，弹性减少，黏性增强。

在凝胶加强区，G′值逐渐上升达到最大值，随着贮藏时间的延长，在 80℃下其最大 G′值呈下降的趋势。在相同贮藏时间下，与冷藏组相比，冰温组 80℃时最大 G′值呈上升的趋势，第 8 天时，冷藏组最大 G′值为 17 546.59Pa，而冰温组为 20 864.37Pa，在凝胶加强区，G′值的上升主要是由于解螺旋的肌球蛋白发生交联，蛋白发生凝聚，形成空间网络结构，且存在于蛋白网络结构中的变性蛋白沉淀也加强了凝胶强度。由试验结果可知，冰温能有效增强凝胶强度，对蛋白黏弹性胶体的形成具有促进作用。

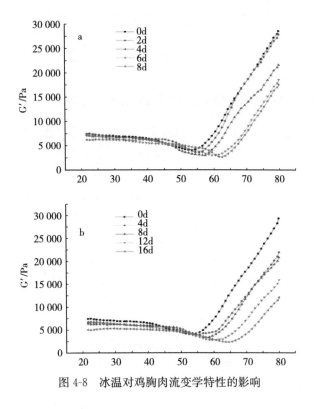

图 4-8　冰温对鸡胸肉流变学特性的影响

第三节　结　　论

　　与传统的冷藏方式相比，鸡胸肉在冰温贮藏过程中能不同程度地改善鸡胸肉的新鲜度、抑制鸡胸肉脂质氧化程度和电导率上升趋势，维持鸡胸肉的凝胶特性，将鸡胸肉的保质期延长至16d。冰温状态下能更加有效维持鸡胸肉的保水性和色泽、控制脂质氧化程度和鸡胸肉电导率值的增加。流变试验结果表明，与冷藏相比，冰温状态下更好地控制了凝胶减弱区的温度区间，维持凝胶加强区最大 G' 值。

第五章 冰温结合食品鲜度保持卡对鸡胸肉品质特性的影响

　　鸡肉仅次于猪肉，产量位居世界第二，2016 年全球鸡肉总消费量为 9 845.2 万吨，鸡肉以其丰富的营养价值、较低的生产成本以及独有的风味，深受广大消费者青睐[1,2]，但是，由于鸡肉含水量高、营养丰富等特点，导致失水严重，易滋生微生物，而造成品质急剧下降，肉品腐烂变质。鸡肉常温货架期不足 2d，冷藏货架期不足 5d，而冷冻贮藏不利于产品风味和营养的保持。因此，创新鸡肉保鲜技术、延长鸡肉的保质期、最大限度的保持鸡肉鲜度和营养价值，成为高品质生鲜鸡肉和鸡肉调理制品急需解决的问题。

　　早在 1920 年，Danois 就阐述过冰温可以保鲜食品的方法，直到 20 世纪 70 年代的日本山根昭美氏才对该方法进行了正式研究。冰温保鲜状态下，食品不发生冻结、可维持最低程度的生理活性，食品腐败变质的速率显著降低，冰温技术可有效地延长产品的保鲜时间，减少损失，使食品达到长期保鲜的目的。目前关于冰温在食品保鲜方面的研究已有很多报道，其中在肉制品方面的研究主要包括猪肉、鸡肉、牛肉和羊肉等，主要集中在对肉制品品质方面的影响。

　　食品鲜度保持卡是一种乙醇缓释剂，具有光谱杀菌效果，乙醇是食品工业中常用的一种食品添加剂，乙醇的杀菌作用与其浓度呈正相关，过高的浓度不仅对食品造成一定的伤害作用，同时也会引起爆炸反应，而利用缓释技术可以很好地解决这些问题，缓释剂以包装的形式出现，可以黏贴于包装盒上，不接触产品，而目前使用的大部分保鲜剂需要涂抹或者浸泡，这种黏贴的方式对于消费者来说，具有更高的接受度，也更符合健康的要求。已有报道将酒精缓释剂用于果蔬的贮藏中，目前用于肉品保藏中的研究还不多见，尤其是将食品鲜度保持卡与冰温结合用于鸡肉保鲜的报道还未见到。为了进一步延长鸡肉的货架期，提高其食用安全性，本文利用冰温保鲜技术，并结合食品鲜度保持卡，通过测定贮藏过程中的理化指标、微生物、电导率及流变学性质的变化，阐明两种保鲜方法协同增效作用对鸡胸肉的保鲜效果，为综合保鲜技术的开发及冰温保鲜技术的推广利用提供数据支持。

第一节　研究材料与方法概论

一、试验材料

（一）样品来源
新鲜鸡胸肉购自河南新乡世纪华联超市。

（二）主要试剂
牛血清蛋白 Sigma-Aldrich；NA 培养基，海博生物技术有限公司；其他试剂均为分析纯，国药集团化学试剂有限公司；食品鲜度保持卡，深圳市春旺环保科技股份有限公司。

（三）主要仪器
SW-CJ-1FD 超净工作台，苏州苏净集团；YXQ-LS-50S 全自动立式压力蒸汽灭菌锅，上海博讯医疗设备有限公司医疗设备厂；Sartorius 微量移液器，赛多利斯科学仪器（北京）有限公司；LRH-150CA 低温培养箱上海一恒科学仪器有限公司；T25 高速匀浆器，德国 IKA 公司；pH 计，精密科学仪器（上海）有限公司；CR-400 色差计，日本美能达公司；HH-42 水浴锅，常州国华电器有限公司；MC 电子天平，赛多利斯科学仪器（北京）有限公司；TA. XT2I 物性测试仪，英国 StableMicro System 公司；电导率仪，梅特勒—托利多（上海）仪器有限公司；MCR301 流变仪，Anton Paar（奥地利）公司。

二、试验方法

（一）食品保鲜卡的制备

食品鲜度保持卡购自深圳市春旺环保科技股份有限公司，其原料为食用酒精、食用柠檬酸、纸片，是一种外控型食品保鲜剂，其规格为 40mm×40mm，为了更好地提高其保鲜效果，本课题组在前期研究的基础上，对现有产品食品鲜度保持卡进一步改进，加入了生姜精油，生姜精油是一种挥发性精油，具有杀菌、保鲜等作用。具体操作：利用无水乙醇配制 20％生姜精油（质量分数），为充分吸收，将食品鲜度保持卡在 4℃下浸泡于生姜精油溶液中过夜，取出擦拭表面溶液，备用。

（二）原料预处理

取新鲜鸡胸肉，在无菌条件下去除表面脂肪、筋膜及可分离的结缔组织，沿垂直肌纤维方向将其切成形状规则的肉样（3cm×5cm×2cm，30g 左右），将分隔好的肉样放入保鲜盒中，其中每保鲜盒中放入 5 块肉样，共计 12 盒，将 12 盒样品随机分成 4 组，每组处理如下：将食品鲜度保持卡 0 片（CK）、2 片（P2）、4 片（P4）、6 片（P6）分别粘贴于食品保鲜盒的盖子内侧，将盖子盖好后，放于－1.5℃下进行保藏。分别于贮藏期第 0、3、6、9、12、15、18、21、24 天进行各项指标的测定，其中 CK 处理组在第 15 天以后腐败变质即丢弃不进行指标测试，P2 处理组于 18d 后丢弃不进行指标测试。

（三）保水性的测定

保水性主要通过离心损失率、滴水损失率、蒸煮损失率进行来衡量。离心损失率参考 Zhou 等的方法进行测定，取 10g 左右的肉样（m_0），用滤纸包裹后放入离心管中，于冷冻离心机中以 5 000r/min 离心 10min 后，取出肉样称取质量（m_1），并通过如下公式计算离心损失率：

离心损失率（%）＝$(m_0-m_1)\times 100/m_0$。

滴水损失率参照 Zhou 等的方法进行测定，取 10g 左右的肉样（m_0），分别记录悬挂前和 0～4℃环境下悬挂 24h 后除去表面水分的重量 m_1，通过如下公式计算滴水损失率：

滴水损失率（%）＝$(m_0-m_1)\times 100/m_0$。

蒸煮损失率参照高晓平等的方法进行测定，取 10g 左右的肉样，分别记录蒸煮前和蒸煮后除去表面水分的重量 m_0、m_1，通过如下公式计算蒸煮损失率：

蒸煮损失率（%）＝$(m_0-m_1)\times 100/m_0$。

（四）pH 测定

参考 GB 5009.237—2016《食品安全国家标准　食品 pH 值的测定》，使用 pH 计进行测定。

（五）色泽的测定

对样品横截面取五个部分进行色差测定，分别记录数据亮度值（L^*），红度值（a^*），黄度值（b^*）。

（六）菌落总数的测定

参考 GB 4789.2—2016《食品安全国家标准　食品微生物学检验　菌落总数测定》进行菌落总数的测定。

（七）挥发性盐基氮（TVB-N）测定

冷鲜肉 TVB-N 值参照《GB/T 5009.228—2016 食品安全国家标准食品中挥发性盐基氮的测定》中的半微量定氮法进行测定。肉样品首先经绞碎处理后，称取 20g 加入 100mL 的三氯乙酸振荡浸渍 30min，取 5mL 经滤纸过滤的浸渍液，5mL MgO 悬浊液（10g/L）和 2 滴消泡硅油按顺序加入凯式定氮装置。混合物蒸馏 5min，用 10mL 的硼酸收集蒸馏液，最后用 0.01mol/L

的盐酸进行滴定。TVB-N 值通过下面公式进行计算。

$$TVB-N(mg/100g) = \frac{(V_1-V_2) \times c \times 14}{m \times 5/100} \times 100$$

式中，V_1——样品液消耗盐酸标准滴定溶液的体积（mL）；

V_2——空白消耗盐酸标准滴定溶液的体积（mL）；

c——盐酸标准滴定溶液的浓度（mol/L）；

14——滴定 1.0mL 盐酸 [c(HCl)＝1.000mol/L] 标准滴定溶液相当于氮的质量（g/mol）；

m——样品体积（mL）。

（八）硫代巴比妥值（TBARS）测定

TBARS（TBA）值　参考 Jonberg 等的方法略作修改。肉样品经绞碎处理后称取 10g 肉样品放入含有 40mL 三氯乙酸（8% w/v）的烧杯中混匀后用高速匀浆机 7 500r/min 匀浆处理 15s。匀浆后静置 1h，然后 3 000r/min、10min 离心取上清液再经滤纸过滤后用蒸馏水定容至 50mL。取 6mL 滤液于具塞试管中，加 6mL 0.02mol 的 TBA 溶液混均后在 95℃的水浴条件下加热处理 30min，经 5 000rpm、10min 离心处理后，取上清液在 532nm 处测吸光度值，每个试验重复 3 次。以 6mL 的三氯乙酸和 6mL 0.02mol 的 TBA 混合作为空白对照。利用丙二醛和 1，1，3，3-四乙氧基丙烷绘制标准曲线计算 TBA 值。准确吸取相当于丙二醛 10μg/mL 的标准溶液 0、0.1、0.2、0.3、0.4、0.5、0.6mL 置于纳氏比色管中，加水稀释至 3mL，加入 3mL TBA 溶液，然后按样品测定步骤进行，根据测得吸光度值绘制标准曲线。

（九）电导率的测定

参考杨秀娟等的方法，准确称取 10.00±0.01g 的肉样，加入 100mL 蒸馏水，用匀浆机 8 000r/min 匀浆，充分搅拌均匀。将电导电极插入试样中进行读数，读数精确到 0.01mS/cm，同一个试样进行两个平行测定。

（十）动态流变的测定

参考 Yasin 等的方法，略作修改。将肉样切碎后，均匀涂抹于圆形平板探头之间，间隙为 0.5mm。参数设置：起始温度设置为 20℃，保持 10min，后以 2℃/min 的升温速率上升至 80℃。同时，在频率固定为 0.1Hz 下对样品进行连续剪切，测定储能模量（G'）随温度的变化情况。

（十一）数据处理分析

采用 Excel 进行数据的整理和作图，SPSS 20.0 进行方差分析，利用 Duncan 法进行多重比较，每个处理组重复 6 次，数据结果表示为 $\pm SD$。

第二节　冰温结合食品鲜度保持卡对鸡胸肉品质特性的影响

一、食品鲜度保持卡对冰温贮藏下鸡胸肉保水性的影响

肉品保水性主要通过蒸煮损失率、滴水损失率以及离心损失率进行评价，保水性的高低直接决定了肉品的色泽、风味、质地、嫩度等。食品鲜度保持卡对鸡胸肉冰温贮藏期间保水性的影响如表 5-1 所示，结果表明：各处理组随着时间的推移，鸡胸肉保水性均呈不同程度下降的趋势，但是放置食品鲜度保持卡后，显著的抑制了鸡胸肉蒸煮损失率的下降程度，第 15 天时，P2、P4、P6 组鸡胸肉蒸煮损失率分别为 30.17±0.65%、25.24±1.74%、24.29±0.71% 均显著地低于对照组的蒸煮损失率（32.70±0.5%）（$p<0.05$）。其中 P4 和 P6 处理组从第 6 天开始，其蒸煮损失率显著地低于 P2 处理组（$p<0.05$），P4 与 P6 处理组在保藏期间蒸煮损失率无显著差异（$p>0.05$）。对于鸡胸肉滴水损失率 P2 处理组与对照在 15d 内均无显著差异（$p>0.05$），但是 P4 和 P6 处理组在第 6 天、12 天和 15 天均显著地

表 5-1 食品鲜度保持卡对冰温鸡胸肉保水性及色泽的影响

处理		0	3	6	9	12	15	18	21	24
蒸煮损失	CK	15.76±1.14^fA	17.87±0.83^eA	21.45±1.31^dA	25.59±0.92^cA	27.62±0.51^bA	32.70±0.53^aA			
	P2	15.37±0.67^fA	17.82±0.80^eA	21.54±0.81^eA	24.39±1.05^dA	26.48±1.25^cA	30.17±0.65^bA	32.36±0.59^aA		
	P4	15.08±0.43^fA	17.41±0.17^fA	18.90±0.83^fB	20.76±0.83^fB	22.17±1.16^dC	25.24±1.74^dC	28.15±1.10^cB	30.67±0.60^bA	33.63±1.01^aA
	P6	15.21±1.00^bA	17.33±0.58^gA	18.29±0.28^gB	20.01±1.11^fB	21.67±0.75^dC	24.29±0.71^dC	27.41±1.10^cB	29.02±1.26^bA	31.50±0.70^aA
滴水损失	CK	2.16±0.21^eA	3.21±0.66^cA	3.15±0.35^cA	4.81±0.40^bA	7.03±0.52^bA	10.64±0.78^aA			
	P2	2.21±0.16^eA	3.14±0.61^eA	3.20±0.36^eA	4.76±0.42^bA	6.33±0.75^cA	9.10±0.77^bA	11.40±0.33^aA		
	P4	2.07±0.23^fA	2.30±0.71^fA	2.23±0.25^fB	4.01±0.35^cA	4.85±0.35^dB	5.02±0.40^dB	5.69±0.60^cB	7.04±0.88^bA	11.09±0.93^aA
	P6	2.09±0.10^fA	2.59±0.77^fA	2.32±0.28^fB	3.93±0.17^eA	4.68±0.38^dB	5.15±0.56^dB	5.34±0.28^cB	6.26±0.62^bA	9.92±0.31^aB
离心损失	CK	20.03±0.86^dA	23.70±1.48^cA	24.47±1.19^cA	25.40±2.64^bcA	27.69±1.76^aA	29.26±1.50^aA			
	P2	19.87±1.10^dA	22.86±3.52^cdA	24.53±3.46^bcA	26.09±1.00^abcA	27.16±1.00^abA	28.00±1.48^aA	29.33±1.49^aA		
	P4	20.32±1.68^eA	20.85±2.67^eA	20.55±1.05^deB	22.34±2.20^dB	22.95±1.16^cdB	24.31±1.36^bcaB	25.63±1.87^abB	27.22±1.12^abA	28.99±1.96^aA
	P6	19.73±1.10^dA	21.10±0.70^deA	20.55±1.92^eB	21.95±1.76^cdB	23.12±1.24^cd	23.41±0.80^bcB	25.34±0.59^abB	26.79±1.23^aA	27.32±0.94^aA

天数 (d)

（续）

处理	天数（d）								
	0	3	6	9	12	15	18	21	24
L^*									
CK	48.58±3.22^{aA}	48.53±3.35^{aA}	47.86±2.36^{abA}	46.29±3.55^{bA}	43.29±2.58^{cB}	40.87±2.04^{dC}			
P2	49.61±2.76^{aA}	48.80±3.23^{abA}	47.52±2.16^{bcA}	46.64±2.80^{cdA}	43.75±2.23^{dB}	42.26±2.47^{eBC}	40.37±2.37^{fB}		
P4	49.66±0.86^{aA}	49.05±3.47^{abA}	47.63±2.21^{bcA}	47.21±2.89^{cA}	46.28±2.17^{cdeAB}	45.46±1.53^{deAB}	43.18±3.40^{fA}	42.94±1.36^{fA}	41.72±1.39^{fA}
P6	49.85±1.87^{aA}	49.28±1.58^{abA}	47.81±1.63^{bbA}	46.96±1.81^{bcA}	46.57±2.15^{cA}	45.10±1.21^{dA}	44.06±1.29^{deA}	43.40±1.77^{efA}	42.66±1.94^{fA}
a^*									
CK	0.85±0.08^{aA}	0.82±0.08^{aA}	0.44±0.06^{aB}	0.31±0.04^{cB}	0.26±0.03^{cB}	0.12±0.04^{eC}			
P2	0.89±0.10^{aA}	0.85±0.09^{aA}	0.45±0.05^{bB}	0.34±0.07^{cB}	0.25±0.06^{dB}	0.22±0.05^{dB}	0.13±0.03^{eB}		
P4	0.88±0.06^{aA}	0.84±0.07^{aA}	0.67±0.09^{bA}	0.59±0.07^{cA}	0.53±0.06^{cA}	0.43±0.07^{dA}	0.41±0.08^{dA}	0.29±0.05^{eA}	0.18±0.04^{fA}
P6	0.85±0.09^{aA}	0.82±0.07^{aA}	0.70±0.07^{bA}	0.58±0.08^{cA}	0.53±0.06^{cA}	0.47±0.07^{dA}	0.38±0.04^{eA}	0.32±0.06^{eA}	0.20±0.06g^{A}
b^*									
CK	9.88±0.76^{aA}	10.14±0.97^{bcA}	10.73±0.97^{deA}	10.84±1.07^{deA}	11.72±0.94^{bA}	12.61±0.98^{gA}			
P2	9.93±0.97^{aA}	10.30±0.77^{abA}	10.69±1.18^{abcA}	11.09±0.74^{cdA}	11.60±0.69^{deAB}	12.09±0.94^{bA}	12.76±1.30^{gA}		
P4	9.82±0.79^{aA}	10.21±1.18^{cdA}	10.63±1.16^{bcA}	10.88±1.15^{bcA}	11.08±1.46^{bcB}	11.15±0.95^{bB}	11.14±0.97^{bB}	12.31±1.20^{cA}	12.47±0.90^{cA}
P6	9.74±0.92^{aA}	10.26±1.09^{bcA}	10.79±1.20^{cdA}	10.80±0.95^{cdA}	10.87±1.20^{cdB}	11.07±1.25^{bcdB}	11.22±1.30^{bcdB}	11.85±0.80^{dbA}	12.39±0.90^{dA}

注：A: 对照，冰温（-1.5℃）处理；B: 2 片食品鲜度保持卡，冰温（-1.5℃）；C: 4 片食品鲜度保持卡，冰温（-1.5℃）；D: 6 片食品鲜度保持卡，冰温（-1.5℃）。

高于对照组和P2处理组（$p<0.05$）。P4与P6处理组在21d内均无显著差异（$p>0.05$），仅在贮藏末期第24d时，P6处理组显著地低于P4处理组的滴水损失率（$p<0.05$）。放置食品鲜度保持卡对离心损失率的影响如表5-1所示，由结果可知，P2处理组与对照在15d内均无显著差异（$p>0.05$），但是随着食品鲜度保持卡数量的增加，P4和P6处理组从第6天开始显著地高于对照组和P2处理组（$p<0.05$）。P4与P6处理组在贮藏期间均无显著差异（$p>0.05$）。影响保水性变化的主要有pH、蛋白质变性及肌肉组织空间结构变化等因素，蛋白质空间的变化造成蛋白质之间排斥力的降低，使蛋白质分子相互靠近，分子之间空间缩小而将分布在其中的水分挤出，导致肉品保水性的下降，食品鲜度保持卡的成分主要包括酒精、柠檬酸及生姜精油等，其中生姜精油、酒精和柠檬酸均具有杀菌的作用，通过抑制微生物和肉品本身所造成的腐烂变质，达到维持蛋白质空间结构，降低水分流失的效果。

二、食品鲜度保持卡对冰温贮藏下鸡胸肉色泽的影响

肉及肉制品的色泽是最先影响消费者的感官指标之一，食品鲜度保持卡对冰温贮藏鸡胸肉色泽的影响如表5-1所示，由表5-1中可以看出所有的处理组均随着贮藏时间的延长，亮度值（L^*）和红度值（a^*）呈显著下降的趋势（$p<0.05$），黄度值（b^*）呈显著上升的趋势（$p<0.05$）。但是，随着食品鲜度保持卡的加入，P2处理组与对照组在15d内L^*值无显著差异（$p>0.05$），但是随着食品鲜度数量的增加，P4、P6处理组从第15天开始显著地高于对照组（$p<0.05$），其中P4与P6处理组在贮藏期间其L^*值无显著差异（$p>0.05$）。加入食品鲜度保持卡后能显著地抑制a^*值的下降，P2、P4、P6处理组在第15天时鸡胸肉的a^*值分别为0.22 ± 0.05、0.43 ± 0.07、0.47 ± 0.07，均显著地高于对照组（0.12 ± 0.04）（$p<0.05$），其中P4与P6

处理组从第 6 天开始显著地高于 P2 处理组的 a^* 值，P4 与 P6 处理组在保藏期间其 a^* 值均无显著差异（$p > 0.05$）。加入食品鲜度保持卡对 b^* 值的影响如表 5-1 所示，由结果可知，P2 处理组与对照在 15d 内无显著差异，但是随着食品鲜度保持卡数量的增加，从第 12 天开始，P4 与 P6 处理组显著地低于对照组鸡胸肉的 b^* 值（$p < 0.05$），P4 与 P6 处理组在保藏期间无显著差异（$p > 0.05$）。L^* 值的降低主要是由于肉品内部微生物及内源酶的作用发生着复杂的包括脂肪氧化、色素降解之类的生物变化，这些反应使得鸡肉颜色相对变暗，亮度有所降低，而肉品 a^* 值的下降主要是肌肉中呈鲜红色的氧合肌红蛋白随着贮藏时间的延长转化成棕褐色的高铁肌红蛋白所导致，b^* 值的升高由于脂肪的氧化会使表面呈现出黄色，因此随着贮藏时间的延长，b^* 值正常情况下会逐渐增大。加入食品鲜度保持卡后，可能是通过其中乙醇、生姜精油以及柠檬酸的逐渐释放，从而抑制微生物生长等方面的作用，从而可以有效地保持肉品的色泽。总体来讲，P4 与 P6 处理组能很好地保持鸡胸肉的色泽。

三、食品鲜度保持卡对冰温贮藏下鸡胸肉 pH 的影响

pH 是衡量肉品质量一个非常重要的指标。食品鲜度保持卡对冰温贮藏的鸡胸肉 pH 的影响如图 5-1 所示，从图 5-1 中可以看出，随着时间的推移，pH 呈显著升高的趋势（$p < 0.05$），这一结果与王勋等研究相似。加入食品鲜度保持卡后，显著地降低了鸡胸肉 pH 升高的趋势（$p < 0.05$），第 12 天时，P2、P4、P6 的 pH 分别为 $6.39 \pm .03$、6.15 ± 0.06、6.12 ± 0.05，均显著地低于对照组的 pH（6.45 ± 0.07）（$p < 0.05$），其中从第 12 天开始，P4 和 P6 组鸡胸肉 pH 显著地高于 P2 与对照处理组（$p < 0.05$），第 15 天时，对照组 pH 达到 6.79，已为变质肉（pH > 6.7），P2 组 pH 为 6.48，为次鲜肉（pH 6.3 ~ 6.6），但此时 P4

和 P6 组分别为 6.18、6.20，仍为新鲜肉（pH 5.8～6.2）。另外 P4 与 P6 处理组在整个保藏期间无显著差异（$p>0.05$）。pH 的上升主要是随着贮藏时间的延长，肉品受到微生物及内源酶的分解，使得肉品内部丰富的蛋白质分解为胺类等碱性物质，从而造成鸡肉 pH 会呈现上升趋势。加入食品鲜度保持卡抑制 pH 上升的原因主要在于食品鲜度保持卡中有生姜精油和柠檬酸的成分，这些成分在保藏期间能够挥发到保鲜盒中起到杀菌作用，从而降低鸡胸肉的 pH。

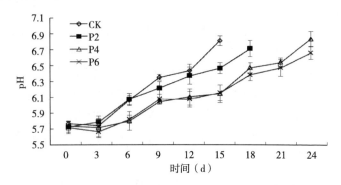

图 5-1　食品鲜度保持卡对冰温鸡胸肉 pH 的影响

A. 对照，冰温（－1.5℃）处理　B. 2 片食品鲜度保持卡，冰温（－1.5℃）　C. 4 片食品鲜度保持卡，冰温（－1.5℃）　D. 6 片食品鲜度保持卡，冰温（－1.5℃）

四、食品鲜度保持卡对冰温贮藏下鸡胸肉菌落总数的影响

菌落总数检测是食品微生物检测项目中开展最为广泛和普遍的检测项目，可直观地反映出食品的污染程度。图 5-2 显示了食品鲜度保持卡对冰温鸡胸肉菌落总数的影响，由图 5-2 中可以看出，随着时间的推移，各处理组菌落总数均呈现不同程度上升的趋势。但是放入食品鲜度保持卡后能显著地抑制微生物的增长

（$p<0.05$）。第 15 天时对照组的菌落总数为 6.37Log cfu/g，已超过国家标准所规定的 6lgCFU/g 的要求，而此时的 P2、P4、P6 分别为 5.27、4.84 和 5.02。其中 P4 与 P6 处理组从第 15 天开始均显著地低于 P2 处理组的菌落总数（$p<0.05$）。另外，P4 与 P6 两组处理在 0～24d 内无显著差异（$p>0.05$）。杨建华等研究发现持续低剂量的乙醇气体缓释处理能够有效抑制病原微生物对葡萄果实的侵染，从而延长葡萄的保质期。而本研究中的食品鲜度保持卡中包括乙醇缓释剂，通过乙醇的缓释抑菌作用，从而降低了鸡胸肉的菌落总数。

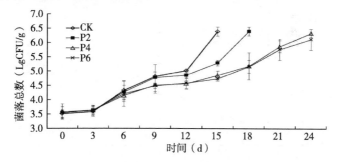

图 5-2　食品鲜度保持卡对冰温鸡胸肉菌落总数的影响

A. 对照，冰温（－1.5℃）处理　B. 2 片食品鲜度保持卡，冰温（－1.5℃）　C. 4 片食品鲜度保持卡，冰温（－1.5℃）　D. 6 片食品鲜度保持卡，冰温（－1.5℃）

五、食品鲜度保持卡对冰温贮藏下鸡胸肉 TVB-N 的影响

挥发性盐基氮（TVB-N）是动物类食品在存储过程中蛋白质经由微生物和组织酶逐步分解产生的氨及胺类等碱性含氮物质，其含量与动物性食品腐败程度之间有明显的对应关系，TVB-N 是公认的用于评价肉质新鲜程度的理化指标。图 5-3 显示了不同处理下 TVB-N 值的变化，由结果可知不同处理组其

TVB-N 值随着时间的延长均呈显著升高的趋势，加入食品鲜度保持卡后能显著地抑制 TVB-N 值的升高（$p<0.05$），第 15 天时对照组的 TVB-N 值为 18.81mg/100g，已经超过国标所规定的 15mg/100g，此时 P2、P4、P6 组分别为 14.34、12.33、12.03mg/100g。其中 P4 与 P6 组从第 9 天开始显著地低于 P2 组的 TVB-N 值（$p<0.05$）。另外，P4 与 P6 组在 0～21d 内差异不显著（$p>0.05$），仅在第 24 天时 P6 处理组显著地低于 P2 组的 TVB-N 值（$p<0.05$），由此结果可见，放入食品鲜度保持卡后能够有效地抑制 TVB-N 值的升高。

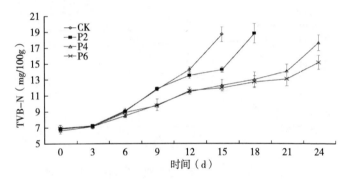

图 5-3　食品鲜度保持卡对冰温鸡胸肉 TVB-N 值的影响

　　A. 对照，冰温（－1.5℃）处理　B. 2 片食品鲜度保持卡，冰温（－1.5℃）　C. 4 片食品鲜度保持卡，冰温（－1.5℃）　D. 6 片食品鲜度保持卡，冰温（－1.5℃）

六、食品鲜度保持卡对冰温贮藏下鸡胸肉 TBARS 的影响

　　肉品的 TBARS 值是用来评价肉制品的脂肪氧化程度的指标，鸡肉中含有丰富的不饱和脂肪酸，该物质氧化后的产物与结合形成有色化合物。由图 5-4 可以看出，不同处理下的鸡肉对着保藏时间的延长都发生了不同程度的氧化，但是加入食品鲜度保持

卡后均能不同程度地抑制 TBARS 值的升高，第 15d 时，P2、P4、P6 处理组均显著地低于对照组的 TBARS 值（$p<0.05$）。其中 P4 和 P6 处理组从第 12 天开始均显著地低于 P2 处理组（$p<0.05$），第 12 天时，对照组 TBARS 值达到 0.74 ± 0.02mg/100g，此时 P2 组与对照差异不显著（$p>0.05$），为 0.72mg±0.03/100g，P4 与 P6 组均显著地低于 P2 组和对照组分别为 0.54 ± 0.02、0.52 ± 0.03mg/100g（$p<0.05$）。另外，P4 与 P6 组的 TBARS 值在第 0～18 天内无显著差异（$p>0.05$）。Khare 等研究发现柠檬酸、卡拉胶及肉桂油能够有效地抑制鸡肉的脂质氧化程度。雷志方等研究发现姜精油能通过清除脂质自动氧化所产生的自由基，从而终止由自由基引起的自动氧化过程，达到抑制金枪鱼脂肪氧化的作用，而本研究中食品鲜度保持卡均包含了柠檬酸和生姜精油的成分。

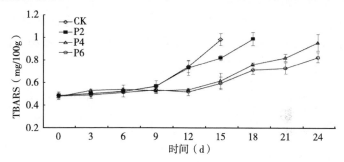

图 5-4　食品鲜度保持卡对冰温鸡胸肉 TBARS 值的影响

　　A. 对照，冰温（－1.5℃）处理　B. 2 片食品鲜度保持卡，冰温（－1.5℃）　C. 4 片食品鲜度保持卡，冰温（－1.5℃）　D. 6 片食品鲜度保持卡，冰温（－1.5℃）

七、食品鲜度保持卡对冰温贮藏下鸡胸肉电导率的影响

　　肉品在贮藏过程中组分会发生分解，其产物中含有大量具

有导电性的物质（如 Na^+、Cl^-，K^+ 等离子），从而根据其浸液的电导值高低来推断其新鲜度。图 5-5 显示了不同处理下鸡胸肉电导率的变化趋势，由图 5-5 中可以看出，随着时间的推移，鸡胸肉的电导率呈不同程度上升的趋势。但是，加入食品鲜度保持卡后，能不同程度地抑制鸡胸肉电导率的上升。从第12 天开始，P2、P4 与 P6 组显著地低于对照组的电导率（$p<$ 0.05），其中 P4 与 P6 组从第 9 天开始显著地低于 P2 处理组的电导率值（$p<0.05$）。P4 与 P6 这两组处理在 $0\sim20d$ 内无显著差异，仅在第 24 天时 P6 处理组的电导率值显著地低于 P4 组。研究发现不同种肉类浸渍液电导率与 TVB-N 具有良好的线性关系，电导率的增长体现了肉制品组织中蛋白质、核酸、脂肪等各种大分子总体降解程度的变化，随着细胞膜的破裂，电解质不断流向细胞外，同时蛋白质、核酸、脂肪等大分子逐级降解，产生了大量的导电小分子物质，从而增加了肌肉组织的导电性。由本研究也可以看出电导率与 TVB-N 的变化趋势具有很大的相似性。

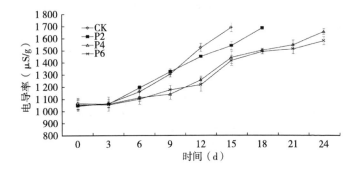

图 5-5　食品鲜度保持卡对冰温鸡胸肉电导率的影响

　　A. 对照，冰温（-1.5℃）处理　B. 2 片食品鲜度保持卡，冰温（-1.5℃）　C. 4 片食品鲜度保持卡，冰温（-1.5℃）　D. 6 片食品鲜度保持卡，冰温（-1.5℃）

八、食品鲜度保持卡对冰温贮藏下鸡胸肉流变学特性的影响

动态流变学特性反映了肌原纤维蛋白热变性的特点，其中储能模块（G'）可以用于反映鸡肉在贮藏过程中蛋白网状弹性要素的改变，图 5-6 反映了不处理下鸡胸肉 G' 的变化，由图 5-6 中可知鸡胸肉 G' 经历了 3 个阶段，即凝胶形成区、凝胶减弱区和凝胶加强区，这一变化趋势与王希希等的研究结果相似。不同处理组均随着贮藏时间的延长，凝胶减弱区的温度区间逐渐后移，最小 G' 值呈逐渐降低的趋势，达到最小值 G' 所需温度也由起初的 53℃升高到贮藏后期的 61℃，与对照组相比，随着食品鲜度保持卡的加入数量的增加，G' 值的最小值有升高的趋势，达到最小 G' 值所需温度呈逐渐降低的趋势，第 12 天时，对照组的最小 G' 值为 2 443.43Pa，达到最小值的温度为 59.50℃，而 P2、P4、P6 分别为 2 429.37、3 436.59、3 450.69Pa，达到最小值的温度分别为 58.43、56.31 和 56.31℃。凝胶减弱过程，蛋白开始变性，肌球蛋白尾部的解螺旋导致蛋白的流动性增强，不同程度地破坏了蛋白的网络结构，导致 G' 值明显降低，弹性减少，黏性增强。在凝胶加强区，G' 值逐渐上升达到最大值，随着贮藏时间的延长，在 80℃下其最大 G' 值呈下降的趋势，与对照组相比，随着食品鲜度保持卡数量的增加，相同贮藏时间下，80℃时最大 G' 值呈上升的趋势，第 12 天时，对照组最大 G' 值为 16 321.18Pa，而 P2、P4、P6 分别为 17 309.17、22 803.58、23 406.55Pa，在凝胶加强区，G' 值的上升主要是由于解螺旋的肌球蛋白发生交联，蛋白发生凝聚，形成空间网络结构，且存在于蛋白网络结构中的变性蛋白沉淀加强了凝胶强度。由试验结果可知，放入食品鲜度保持卡能有效地增强凝胶强度，对蛋白黏弹性胶体的形成具有促进作用。

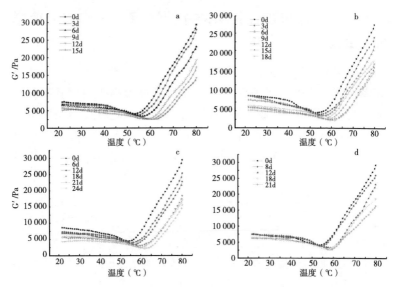

图 5-6 食品鲜度保持卡对冰温鸡胸肉储能模量（G′）的影响

A. 对照，冰温（−1.5℃）处理 B. 2 片食品鲜度保持卡，冰温（−1.5℃）

C. 4 片食品鲜度保持卡，冰温（−1.5℃） D. 6 片食品鲜度保持卡，冰温（−1.5℃）

第三节 结 论

与单独冰温贮藏相比，在鸡胸肉冰温贮藏过程中，放入食品鲜度保持卡，能不同程度地改善鸡胸肉的新鲜度、抑制鸡胸肉脂质氧化程度和电导率上升趋势，维持鸡胸肉的凝胶特性，将鸡胸肉的保质期延长至 18～24d，针对不同数量食品鲜度保持卡对鸡胸肉品质的影响，其中 P4 和 P6 处理组对鸡胸肉的保鲜效果显著地高于 P2 处理组（$p < 0.05$），能更加有效地维持鸡胸肉的保水性和色泽、控制脂质氧化程度和鸡胸肉电导率值的增加，流变试验结果表明，相对于 P2 处理组，P4 和 P6 处理组更好地控制

了凝胶减弱区的温度区间，维持凝胶加强区最大 G' 值。另外，在贮藏期间 P4 和 P6 处理组对鸡胸肉色泽、pH、菌落总数、蒸煮损失率和离心损失率的影响均无显著差异（$p > 0.05$），对鸡胸肉的滴水损失率、TVB-N 和电导率的影响仅在第 24 天时出现显著性差异（$p < 0.05$），此时鸡胸肉已接近变质肉。相对单独冰温贮藏，结合经济因素、解决成本等综合方面考虑，P4 处理组能较好地维持鸡胸肉的品质，延长鸡胸肉的保质期至 24d。不同于其他常见的生物保鲜剂，食品鲜度保持卡在保藏过程中未接触鸡胸肉，对于消费者具有更好地接受度，因此具有很好地应用前景和推广价值。

第六章 冰温对鸡胸肉成熟过程中品质的影响

　　冰温是指从0℃以下到生物体冻结温度之间的温度范围，冰温保鲜技术是指在0℃以下至组织结冰点以上这个温度范围内贮藏食品，食品在冰温环境下水分不结冰，能保持细胞活性，呼吸代谢被抑制、衰老过程减慢。目前已经将冰温保鲜技术应用到果蔬、水产品及延长肉品货架期等方面，研究发现冰温相对于冷藏能有效地稳定羊肉的色泽，冰温结合气调包装可抑制鲶鱼微生物的生长，降低生物胺和挥发性盐基氮的转化速度，李培迪等发现冰温能有效地延缓羊肉的成熟进程。

　　动物在宰杀后从肌肉变为可食性肉制品过程中，需要经过僵直期、成熟期等一系列的过程，胴体在成熟过程中，发生各种生理生化反应，其中糖酵解反应是主要的供能方式，目前调控宰后糖酵解的方式有电刺激、改变成熟温度等。有研究表明，温度对宰后pH和糖酵解过程中的催化酶有影响[8]。申萍等[9]通过对比-18℃、4℃、15℃不同的温度对宰后羊肉品质的影响，发现-18℃成熟贮藏的羊肉品质显著地高于4、25℃。

　　传统的成熟过程大部分都是在0℃以上的温度下完成的，但常温下成熟会导致细菌繁殖速度加快，肉制品腐败变质加速等现象。冰温条件下不仅能使细菌的繁殖速度降低，同时还能保持食品所固有的风味，因此把冰温条件下成熟的食品称为冰温成熟食品。目前冰温在肉制品中的研究多集中在贮藏期间对品质的影响、延长货架期等方面，而冰温对成熟进程的影响报道比较少，其中对鸡肉成熟过程中品质和控制成熟相关酶活力的影响均未见报道。本课题组参考薛松的研究，结合实验室研究成果首先确定了白羽鸡鸡胸肉的冰点温度为－1.8℃，最终通过试验摸索条件确定了冰温贮藏条件为－1.5℃，此基础上研究了冰温贮藏条件下对鸡胸肉成熟过程中 pH、剪切力、乳酸、丙酮酸激酶及乳酸脱氢酶等的影响，为冰温对宰后鸡肉成熟的影响提供理论依据。

第一节　研究材料与方法概论

一、试验材料

（一）样品来源

白羽鸡，日龄 40～45d，体重约 1.6±0.12kg，约 50 只，购自农贸市场。

（二）主要试剂

BCA 蛋白质定量试剂盒，天根生化科技（北京）有限公司；丙酮酸激酶（PK）试剂盒、乳酸测定试剂盒、乳酸脱氢酶（LDH）测定试剂盒，均购自南京建成生物工程研究所。

（三）主要仪器

SW-CJ-1FD 超净工作台，苏州苏净集团；YXQ-LS-50S 全自动立式压力蒸汽灭菌锅，上海博讯医疗设备有限公司医疗设备厂；Sartorius 微量移液器，赛多利斯科学仪器（北京）有限公司；LRH-150CA 低温培养箱上海一恒科学仪器有限公司；T25 高速匀浆器，德国 IKA 公司；pH 计，精密科学仪器（上海）有限公司；CR-400 色差计，日本美能达公司；HH-42 水浴锅，常州国华电器有限公司；MC 电子天平，赛多利斯科学仪器（北京）有限公司；TA. XT2I 物性测试仪，英国 StableMicro System 公司；电导率仪，梅特勒—托利多（上海）仪器有限公司；MCR301 流变仪，Anton Paar（奥地利）公司。

二、试验方法

(一) 样品预处理

将宰杀后的白羽鸡迅速取出鸡大胸，将同一只鸡两侧的鸡胸肉随机地分配到冷藏组和冰温组，将每个处理组的鸡胸肉分割成形状规则（3cm×3cm×3cm，30g 左右）的肉样，共计 7 组，将分隔好的鸡胸肉使用托盘包装，其中冷藏组放入 4℃冰箱中，冰温组放入−1.5℃下保存。取样时间分别为宰后 0.5、2、4、8、12、24、72h，其中 pH 和剪切力立即进行测定，其他指标（乳酸、丙酮酸激酶和乳酸脱氢酶）取样后迅速放入液氮中，在−80℃下进行保存。

(二) pH 测定

采用便携式 pH 计测定，探头插入深度为约 2cm，连续测定 3 次，结果取平均值。

(三) 剪切力的测定

参考 Sigurgisladottir 等，剪切力采用 WBS 探头，按纤维平行方向将鸡胸肉切成横截面为 30mm×30mm 大小的块状，厚度为 20mm。将鸡胸肉放置于质构仪的刀槽上，使肌纤维与刀口走向垂直，启动仪器剪切肉样（剪切速度为 2mm/s），测得刀具切割这一用力过程中的最大剪切力值（峰值），即为肉样剪切力的测定值（g）。每个样本重复测定 5 次，取其平均值。

(四) 蛋白质浓度的测定

参考李培迪等的方法，具体操作如下：准确称取肉样 1g，加入 9mL 的生理盐水，匀浆 3 次，10s/次，间隔 30s，离心（2 000×g，15min，4℃），去上清液，制备成 10%的组织匀浆，利用超纯水稀释 5 倍，采用 BCA 蛋白质定量试剂盒制作标准曲线，进行蛋白质浓度的测定。

（五）乳酸脱氢酶的测定

制备好的 10％ 的组织匀浆，用生理盐水稀释 1 000 倍，吸取 100μL，鸡胸肉乳酸脱氢酶活力采用乳酸脱氢酶（LDH）测定试剂盒测定。LDH 活力定义为每克组织蛋白与基质作用 15min 后反应体系中产生 1μmol 丙酮酸为一个酶活力单位，单位为 U·gpro^{-1}。

（六）乳酸的测定

参考李培迪等，准确称取鸡胸肉 0.5g，加入 4.5mL 的生理盐水稀释，匀浆 3 次，10s/次，间隔 30s，制得 10％ 的组织匀浆液，将此组织液稀释 2 倍后，鸡胸肉乳酸含量采用乳酸测定试剂盒进行测定。

（七）丙酮酸激酶的测定

参考李培迪等将制备好的 10％ 的组织匀浆，用生理盐水稀释 200 倍，鸡胸肉丙酮酸激酶（PK）活力采用丙酮酸激酶（PK）试剂盒进行测定。PK 活力定义为每克组织蛋白每分钟将 1μmol 的磷酸烯醇式丙酮酸转变为丙酮酸为一个酶活力单位，单位为 U·gpro^{-1}。

（八）数据处理分析

采用 Excel 进行数据的整理和做图，SPSS 20.0 进行方差分析，利用 Duncan 法进行多重比较，每个处理组重复 6 次，数据结果表示为 ±SD。

第二节 冰温对鸡胸肉成熟
过程中品质的影响

一、冰温对鸡胸肉成熟过程中 pH 的影响

不同贮藏温度对鸡胸肉宰后成熟 pH 变化的影响如图 6-1 所示，pH 作为判断成熟进程的重要指标之一，当 pH 达到最低值时，表明胴体进入宰后僵直最大化阶段。动物在宰后由肌肉向肉

制品转化的过程中，发生糖酵解反应，产生乳酸，使得肉制品的pH下降，当pH达到极限值后又出现升高的趋势，由图6-1所示，冰温和冷藏状态下的鸡胸肉在成熟过程中pH均表现出先降低后升高的趋势，其中4℃下宰后2h下降趋势极显著（$p<0.01$），在4h时达到极限（pH 5.71），从2～24h之间pH变化趋势不显著（$p>0.05$），冰温状态（-1.5℃）下在第8h达到极限pH 5.73，从8～72h变化趋势不显著（$p>0.05$），冰温状态下pH在宰后2、4h均显著地高于冷藏状态（$p<0.05$），宰后36h显著地低于冷藏状态（$p<0.5$），这一结果与李培迪等的研究结果类似，推测可能是冰温延缓了糖酵解的进程。

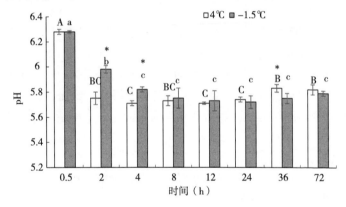

图6-1 不同温度下鸡胸肉pH的变化

注：大写字母代表4℃下不同时间的差异显著性（$p<0.05$），小写字母代表-1.5℃下不同时间的差异显著性（$p<0.05$），* 号代表同一时间不同组的差异显著性（$p<0.05$）。下同

二、冰温对鸡胸肉成熟过程中剪切力的影响

剪切力是直观地反映肌肉嫩度的指标，不同贮藏温度对鸡胸肉宰后成熟剪切力的影响如图6-2所示，由图6-2中可知4℃和-1.5℃下鸡胸肉宰后成熟过程中剪切力的变化均呈现先增加后

降低的趋势，4℃下鸡胸肉剪切力在 2h 时达到最大值，4～8h 开始显著下降（$p < 0.05$），8h 以后趋于稳定，这一研究结果与诸永志与孟祥忍等的研究结果相似。－1.5℃下鸡胸肉的剪切力在 0～4h 出现显著上升的趋势，4h 达到极大值，在 4～12h 之间出现显著下降的趋势（$p < 0.05$），之后趋于稳定。许多研究结果表明，肌肉的剪切力和嫩度的变化与肌纤维的组织学特性密切相关，在宰后成熟过程中维持肌原纤维内部结构的骨架蛋白质受到内源酶的水解，导致超微结构发生变化，从而改善了肌肉的嫩度。本研究中冰温（－1.5℃）状态下在 2h 时其剪切力显著地低于冷藏（4℃）状态（$p < 0.05$），4h 时显著地高于冷藏状态下鸡胸肉的剪切力（$p < 0.05$），并且在此时达到了剪切力的最大值，这一结果表明冰温延缓了宰后成熟僵直期的时间，推测可能是由于冰温状态下延缓了内源酶的催化过程。

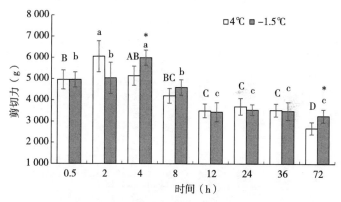

图 6-2　不同温度下鸡胸肉剪切力的变化

三、冰温对鸡胸肉宰后成熟过程中乳酸的影响

不同贮藏温度对鸡胸肉宰后成熟过程中乳酸含量的影响如图 6-3 所示，由图 6-3 中可知 4℃和－1.5℃下鸡胸肉宰后成熟过程中乳酸含量均呈现先增加后缓慢下降的趋势，4℃下鸡胸肉的乳酸

含量在 2h 时达到峰值，2～12h 之间差异不显著（$p>0.05$），这一结果与朱学伸等的研究结果相似。－1.5℃下鸡胸肉的乳酸含量在 2～4h 之间出现显著上升的趋势（$p<0.05$），4h 后开始降低，12～72h 之间差异不显著（$p>0.05$）。动物死后血液循环停止，供给肌肉的氧气随之中断，开始进入无氧糖酵解过程，在糖酵解过程中糖原形成乳酸，随着胴体乳酸的积累，引起 pH 的下降。有研究表明，温度能够通过调节糖酵解酶活力影响宰后肌肉糖酵解，李泽等研究了不同温度对乳酸的影响，结果表明随着温度（0、4℃、15℃）的升高，乳酸积累速度增加，本研究中冰温（－1.5℃）状态下在 2h 时乳酸含量显著地低于冷藏（4℃）状态（$p<0.05$），4h 时显著地高于冷藏状态下鸡胸肉的乳酸含量（$p<0.05$），并且在此时达到了乳酸含量的极值，这一结果表明冰温延缓乳酸的积累时间，推测可能是由于冰温状态下延缓了糖酵解的过程。

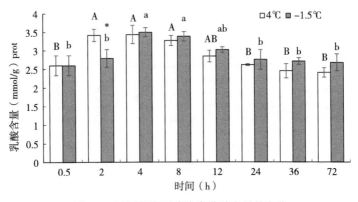

图 6-3　不同温度下鸡胸肉乳酸含量的变化

四、冰温对鸡胸肉宰后成熟过程中丙酮酸激酶的影响

蜡样芽孢杆菌经细菌素 Plantaricin JLA-9 处理后有 1 400 多

个基因发生明显的上调或下调，其中大部分与细胞代谢功能有关，如包括糖酵解及三羧酸循环的能量代谢、金属离子转运途径、细胞膜保护机制以及核酸代谢等。由于细菌素 Plantaricin JLA-9 对蜡样芽孢杆菌的生长具有抑制作用，首先研究细菌素 Plantaricin JLA-9 对蜡样芽孢杆菌碳代谢的影响。

由图 6-4 可知，在糖酵解途径中，基因 fbp、$fbaA$ 和 $gapB$ 都明显上调，上调倍数大于 2 倍，其中 fbp 基因编码果糖 1，6 二磷酸酶，催化 1，6-二磷酸果糖合成 6 磷酸果糖；$gapB$ 基因编码 3-磷酸甘油醛脱氢酶，催化 1，3-二磷酸甘油酸合成 3 磷酸甘油醛，这些步骤的增强促进糖酵解途径的向糖异生的方向进行，从而减少能量的利用。而在三羧酸循环中，基因 $sucC$、$sdhC$ 和 mdh 都明显上调，上调倍数大于 2 倍，$sucC$、$sdhC$ 和 mdh 基因分别编码琥珀酰辅酶 A 合成酶、琥珀酰脱氢酶及苹果酸脱氢酶，这些基因分别催化琥珀酰 CoA 合成琥珀酸、琥珀酸合成延胡索酸和苹果酸合成草酰乙酸，说明经过细菌素 Plantaricin JLA-9 处理后，蜡样芽孢杆菌的三羧酸循环代谢增强。这种代谢活性的增强可能为了防止细菌素 plantaricin JLA-9 对菌体细胞的伤害而产生更多的能量形成防御机制。

不同贮藏温度对鸡胸肉宰后成熟过程中丙酮酸激酶活力的影响如图 6-4 所示，由图 6-4 中可知 4℃和－1.5℃下鸡胸肉宰后成熟过程中丙酮酸激酶活力均呈现先升高后降低的趋势，4℃下鸡胸肉的丙酮酸激酶活力在 0.5～2h 之间上升最为显著（$p<0.05$），之后开始下降（$p>0.05$），丙酮酸激酶活力变化的趋势与徐昶等以及区炳庆等的研究结果类似。动物宰后肌肉开始进行糖酵解过程，糖酵解过程中丙酮酸激酶（PK）通过催化磷酸烯醇式丙酮酸和 ADP 转化为 ATP 和丙酮酸，是糖酵解的限速酶之一，该酶活性的大小直接影响了糖酵解的进程。有研究结果表明，温度的变化会影响丙酮酸激酶活性的大小，随着温度的上升该酶的活性逐渐增加，本研究中发现在－1.5℃下在 2h 时丙酮酸酶活力显著地低于 4℃下（$p<0.05$），在 4h 时显著地高于冷藏状态下鸡胸肉的丙酮酸酶活力（$p<0.05$），这一结果表明冰温降低了丙酮酸脱氢酶的活力，推测可能是由于在鸡胸肉僵直期过程中糖酵解在 4℃下比－1.5℃时更加活跃的原因。

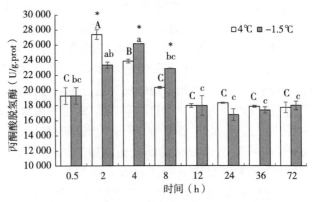

图 6-4　不同温度下鸡胸肉丙酮酸激酶活力的变化

五、冰温对鸡胸肉宰后成熟过程中乳酸脱氢酶的影响

不同贮藏温度对鸡胸肉宰后成熟过程中乳酸脱氢酶活力的影响如图 6-5 所示。由图 6-5 中可知，4℃和－1.5℃下鸡胸肉宰后成熟过程中乳酸脱氢酶活力均呈现先升高后降低的趋势，4℃下鸡胸肉的乳酸脱氢酶活力在 0.5～2h 之间上升最为显著（$p<0.05$），之后开始下降，在糖酵解过程中，丙酮酸被乳酸脱氢酶通过催化反应还原为乳酸，从而造成了 pH 的快速下降。研究表明，低温环境下能降低糖酵解酶的活性，减少糖原的分解。本研究中发现在－1.5℃下在 2h 时丙酮酸酶活力显著地低于 4℃下（$p<0.05$），在 4h 时显著地高于冷藏状态下鸡胸肉的丙酮酸酶活力（$p<0.05$），这一结果表明冰温降低了丙酮酸脱氢酶的活力，

推测可能是由于在鸡胸肉僵直期过程中糖酵解在 4℃ 下比－1.5℃ 时更加活跃的原因。

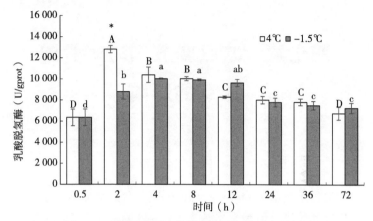

图 6-5 不同温度下鸡胸肉乳酸脱氢酶活力的变化

第三节 结 论

冰温状态能显著的延缓鸡胸肉乳酸的积累、极限 pH 和剪切力的到达时间，并能降低糖酵解过程中关键酶丙酮酸激酶和乳酸脱氢酶的活力，但是不会降低 pH、剪切力和乳酸的极限值，与冷藏状态的鸡胸肉相比，pH 下降到极限值延缓了 6h，乳酸的积累延缓 2h，剪切力的最高值延迟了 2h，对丙酮酸激酶和乳酸脱氢酶活力均延缓了 2h，冰温可以延缓鸡胸肉成熟进程 2～6h。

第七章　冰点调节剂对鸡胸肉 冰点的影响

冰温技术克服了冷藏和冷冻的缺陷，很好地保存了食品的风味、口感和鲜度。但是，冰温技术对温度的要求极高，温度波动范围须控制在 0.5℃ 以内，因而并不利于冰温带较窄的食品贮藏。根据冰温机理，当食品冰点较高时，可以人为加入一些有机或无机物质，使其冰点降低，扩大其冰温带，这些有机或无机物即冰点调节剂。国内外关于冰点调节剂的应用多集中于果蔬和水产品领域，将几种冰点调节剂复合使用进而扩大肉类冰点的研究较少。本书将几种常见的冰点调节剂进行复合使用，为冰点调节剂的开发利用提供理论基础。

第一节　研究材料与方法概论

一、试验材料

（一）样品来源
新鲜鸡胸肉购自河南新乡世纪华联超市。

（二）主要试剂
氯化钠、葡萄糖、丙三醇、氯化钙、海藻酸钠、丙三醇等试剂均为分析纯，国药集团化学试剂有限公司。

（三）主要仪器

Sartorius 微量移液器，赛多利斯科学仪器（北京）有限公司；LRH-150CA 低温培养箱上海一恒科学仪器有限公司；T25 高速匀浆器，德国 IKA 公司；pH 计，精密科学仪器（上海）有限公司；L95-3 温度自动记录仪，杭州路格科技有限公司；MC 电子天平，赛多利斯科学仪器（北京）有限公司

二、试验方法

（一）原料预处理

取新鲜鸡胸肉，在无菌条件下去除表面脂肪、筋膜及可分离的结缔组织，沿垂直肌纤维方向将其切成形状规则的肉样（3cm×5cm×2cm，约 30g），进行冰点调节试验。

（二）冰点温度的测定

参照宋丽荣的方法，略加修改。将多通路温度记录仪的热电偶插入肉样的几何中心，放入 −18℃冰箱中进行冻结，每隔 40s 自动采集数据，直至其完全冻结停止采集。根据鸡胸肉的冻结曲线图，确定冰点。

（三）冰点调节剂的配制及处理

按表 7-1 中的浓度设计，利用无菌水进行配制冰点调节剂，冰箱中保藏备用。

表 7-1　不同冰点调节剂的配制浓度

冰点调节剂	质量分数（%）				
氯化钠	1.0	2.0	3.0	4.0	5.0
葡萄糖	1.0	2.0	3.0	4.0	5.0
蔗糖	1.0	2.0	3.0	4.0	5.0
氯化钙	1.0	2.0	3.0	4.0	5.0
海藻酸钠	1.0	2.0	3.0	4.0	5.0
丙三醇	1.0	2.0	3.0	4.0	5.0

（四）冰点调节剂的单因素试验

将预处理好的鸡胸肉肉块，分别浸泡于不同浓度的冰点调节剂中，静置 1h 后，取出样品，沥干，进行冰点的测定。

（五）冰点调节剂的正交试验

通过单因素试验，选取效果较好的三种冰点调节剂，进行三因素三水平正交试验。

（六）数据处理分析

采用 Excel 进行数据的整理和作图，SPSS 20.0 进行方差分析，利用 Duncan 法进行多重比较，每个处理组重复 6 次，数据结果表示为±SD。

第二节　冰点调节剂对鸡肉冰点的影响

一、冰点的确定

未经冰点调节剂处理过的鸡胸肉冻结曲线如图 7-1。从图 7-1 中可以看出，鸡胸肉肉块中心温度随着时间的延长不断下降，降温初期由于放出的热量是湿热，故温度初始下降速度较快，随着时间的推移，当中心温度至 0℃左右时，温度开始缓慢下降。当温度降至 0℃以下某一点时，温度开始波动，在一段时间内基本稳定不变，之后温度又再次较快下降，将这段平缓曲线上的温度平均值视为鸡胸肉的近似冰点。从降温曲线上可以得到鸡胸肉的冰点在−1.6℃左右。

二、冰点调节剂处理对鸡胸肉冰点的影响

氯化钠对鸡胸肉冰点的影响：

氯化钠对鸡胸肉冰点温度的影响如图 7-2 所示，由图 7-2 中可以看出，随着氯化钠浓度的上升，鸡胸肉的冰点温度呈下降的趋势，当氯化钠的质量分数为 5％时，鸡胸肉的冰点温度为−2.8℃。

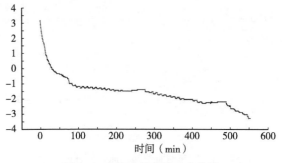

图 7-1　鸡胸肉的冻结温度曲线

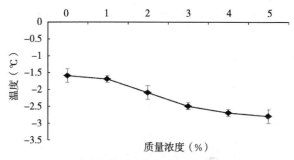

图 7-2　氯化钠对鸡胸肉冰点温度的影响

葡萄糖对鸡胸肉冰点的影响：

葡萄糖对鸡胸肉冰点温度的影响如图 7-3 所示，由图 7-3 中可以看出，随着葡萄糖浓度的上升，鸡胸肉的冰点温度呈下降的趋势，当葡萄糖的质量分数为 4％时，鸡胸肉的冰点温度为－2.2℃。

蔗糖对鸡胸肉冰点的影响：

蔗糖对鸡胸肉冰点温度的影响如图 7-4 所示，由图 7-4 中可以看出，随着蔗糖浓度的上升，鸡胸肉的冰点温度呈下降的趋势，当蔗糖的质量分数为 5％时，鸡胸肉的冰点温度为－2.1℃。

氯化钙对鸡胸肉冰点的影响：

氯化钙对鸡胸肉冰点温度的影响如图 7-5 所示，由图 7-5 中可

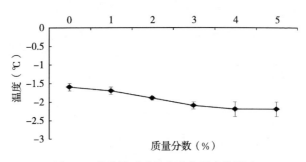

图 7-3 葡萄糖对鸡胸肉冰点温度的影响

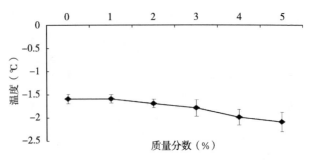

图 7-4 蔗糖对鸡胸肉冰点温度的影响

以看出，随着氯化钙浓度的上升，鸡胸肉的冰点温度呈下降的趋势，当氯化钙的质量分数为 5%时，鸡胸肉的冰点温度为－2.5℃。

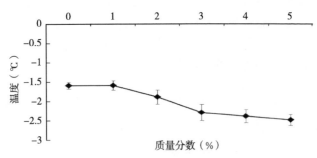

图 7-5 氯化钙对鸡胸肉冰点温度的影响

海藻酸钠对鸡胸肉冰点的影响：

海藻酸钠对鸡胸肉冰点温度的影响如图 7-6 所示，由图 7-6 中可以看出，随着海藻酸钠浓度的上升，鸡胸肉的冰点温度呈下降的趋势，当海藻酸钠的质量分数为 4％时，鸡胸肉的冰点温度为－2.2℃。

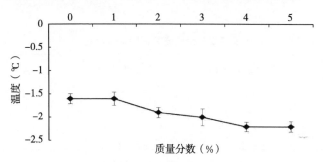

图 7-6 海藻酸钠对鸡胸肉冰点温度的影响

丙三醇对鸡胸肉冰点的影响：

丙三醇对鸡胸肉冰点温度的影响如图 7-7 所示，由图 7-7 中可以看出，随着丙三醇浓度的上升，鸡胸肉的冰点温度呈下降的趋势，当丙三醇的质量分数为 4％时，鸡胸肉的冰点温度为－2.1℃。

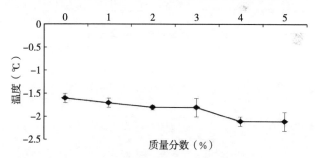

图 7-7 丙三醇对鸡胸肉冰点温度的影响

三、正交设计优化冰点调节剂

通过单因素结果表明，氯化钠、氯化钙的效果最佳。另外，葡萄糖和海藻酸钠均在 4％时，将鸡胸肉的冰点降到－2.2℃，但是葡萄糖相对于海藻酸钠的价格更低，因此最终选择氯化钠、氯化钙和葡萄糖作为复合冰点调节剂进行 $L_9(3^4)$ 正交设计。因素水平如表 7-2 所示。通过考察鸡胸肉的冰点温度，确定最优组合。

表 7-2　冰点调节剂因素水平表

水平	氯化钠（％）	氯化钙（％）	葡萄糖（％）
1	3	3	3
2	4	4	4
3	5	5	5

正交试验结果如表 7-3 所示。由 R 值结果可知，3 种冰点调节剂影响冰点温度的顺序为氯化钠＞氯化钙＞葡萄糖，通过计算得到的 k 值结果可知，最优组合为 $A_3B_3C_2$，即氯化钠浓度为 5％、氯化钙浓度为 5％及葡萄糖浓度为 4％时，能够将冰点温度降低最大，通过验证试验（表 7-4）可知，在此组合下，冰点温度为－3.15±0.14℃，显著地高于正交设计中 $A_3B_3C_1$ 组合。

表 7-3　正交试验结果及分析

| 编号 | A | B | C | 冰点（℃） |
	氯化钠（％）	氯化钙（％）	葡萄糖（％）	
1	3	3	3	－2.45
2	3	4	4	－2.57
3	3	5	5	－2.63
4	4	3	5	－2.54
5	4	4	3	－2.65
6	4	5	4	－2.76
7	5	3	4	－2.87

（续）

| 编号 | A | B | C | 冰点（℃） |
	氯化钠（%）	氯化钙（%）	葡萄糖（%）	
8	5	4	5	-2.94
9	5	5	3	-3.05
k_1	-2.55	-2.62	-2.72	
k_2	-2.65	-2.72	-2.73	
k_3	-2.95	-2.81	-2.70	
R	-0.40	-0.19	-0.03	

表 7-4 验证试验

组合	$A_3B_3C_1$	$A_3B_3C_2$
冰点	-2.97 ± 0.11	$-3.15\pm0.12^{*}$

第三节 结 论

研究了几种不同的冰点调节剂对鸡胸肉冰点温度的影响。通过单因素试验表明，氯化钠、氯化钙、葡萄糖对鸡胸肉的冰点温度的降低效果要优于其他 3 种（丙三醇、海藻酸钠、蔗糖），因此选定这 3 种冰点调节剂进行正交设计。通过正交试验结果得到最优复合冰点调节剂组合为：5%氯化钠、5%氯化钙、4%葡萄糖，在此条件下将鸡胸肉的冰点温度由 $-1.6℃$ 降到 $-3.15℃$。

参 考 文 献

［1］2017年全球鸡肉行业发展现状及发展前景预测分析［J］. 饲料与畜牧，2017，（17）：13-14.

［2］董飒爽，王凯利，黄现青，等. 肉鸡屠宰过程中预冷减菌工艺研究现状［J］. 肉类工业，2017（5）：40-47.

［3］王耀球，卜坚珍，于立梅，等. 不同品种、不同部位对鸡肉质构特性与同位素的影响［J］. 食品安全质量检测学报，2018（1）：87-92.

［4］Morshedy Aema，Sallam K I. Improving the microbial quality and shelf life of broiler carcasses by trisodium phosphate and lactic acid dipping ［J］. International Journal of Poultry Science，2009，8（7）：645-650.

［5］Boysen L，Nauta M，Rosenquist H. Campylobacter spp. and Escherichia coli contamination of broiler carcasses across the slaughter line in Danish slaughterhouses ［J］. Microbial Risk Analysis，2016，2（3）：63-67.

［6］James C，Vincent C，Lima Tida，et al. The primary chilling of poultry carcasses-a review ［J］. International Journal of Refrigeration，2006，29（6）：847-862.

［7］樊静，李苗云，张建威，等. 肉鸡屠宰加工中的微生物控制技术研究进展［J］. 微生物学杂志，2011，31（2）：80-84.

［8］孙永才，孙京新，徐琳. 冰鲜肉鸡胴体减菌技术研究进展［J］. 家禽科学，2018（3）：51-56.

［9］王凯利，黄现青，袁红蕊，等. 肉鸡屠宰过程中四种消毒剂对鸡胴体微生物、pH 值和色泽的影响［J］. 中国家禽，2016，38（10）：41-44.

［10］Dincer A H，Baysal T. Decontamination techniques of pathogen bacteria in meat and poultry [J]. Critical Reviews in Microbiology, 2004, 30 (3): 197-204.

[11] Burfoot D, Mulvey E. Reducing microbial counts on chicken and turkey carcasses using lactic acid [J]. Food Control, 2011, 22 (11): 1729-1735. DOI: 10. 1016/j. foodcont. 2011. 04. 005.

[12] Koolman L, Whyte P, Meade J, et al. Use of chemical treatments applied alone and in combination to reduce Campylobacter on raw poultry [J]. Food Control, 2014, 46 (2): 299-303.

[13] 夏小龙, 彭珍, 刘书亮, 等. 热水结合乳酸喷淋处理对屠宰生产链中肉鸡胴体微生物、理化及感官指标的影响 [J]. 食品工业科技, 2014, 35 (24): 137-142.

[14] Gonzalez-fandos E, Herrera B. Efficacy of propionic acid against Listeria monocytogenes attached to poultry skin during refrigerated storage [J]. Food Control, 2013, 34 (2): 601-606.

[15] 夏小龙, 刘书亮, 彭珍, 等. 肉鸡胴体分割过程中污染微生物分析及不同冲淋条件对产品减菌影响 [J]. 食品工业科技, 2015, 36 (9): 194-199. DOI: 10.13386/j. issn1002—0306.2015.09.034.

[16] 康壮丽, 朱东阳, 祝超智, 等. 玉米淀粉对油炸鸡肉块保水性和感官品质的影响 [J]. 食品与发酵工业, 2017, 43 (6): 198-202.

[17] Jongberg S, Skov S H, Tomgren M A, et al. Effect of white grape extract and modified atmosphere packaging on lipid and protein oxidation in chill stored beef patties [J]. Food Chemistry, 2011, 128 (2): 276.

[18] 中国国家标准化管理委员会. 食品中挥发性盐基氮的测定. GB/T 5009.228—2016. [S]. 北京: 中国标准出版社, 2016.

[19] Liu A, Peng Z, Zou L, et al. The effects of lactic acid-based spray washing on bacterial profile and quality of broiler carcasses [J]. Food Control, 2016, 60: 615-620.

[20] Sakharee P Z, Sachindra N M, Yashoda K P, et al. Efficacy of intermittent decontamination treatments during processing in reducing the microbial load on broiler chicken carcass [J]. Food Control, 1999, 10 (3): 189-194.

［21］ Del R E, Panizo-moran M, Prieto M, et al. Effect of various chemical decontamination treatments on natural microflora and sensory characteristics of poultry ［J］. International Journal of Food Microbiology, 2007, 115 (3): 268-280.

［22］ Alonso-hemando A, Alonso-calleja C, Capita R. Effect of various decontamination treatments against Gram-positive bacteria on chicken stored under differing conditions of temperature abuse ［J］. Food Control, 2015, 47: 71-76.

［23］ Fabrizio K A, Sharma R R, Demirci A, et al. Comparison of electrolyzed oxidizing water with various antimicrobial interventions to reduce Salmonella species on poultry ［J］. Poultry Science, 2002, 81 (10): 1598-1605.

［24］ Gonzal-fe, Herrera B. Efficacy of malic acid against Listeria monocytogenes attached to poultry skin during refrigerated storage ［J］. Poultry Science, 2006, 101 (6): 1936-1941.

［25］ Zhu Y, Xia X, Liu A, et al. Effects of combined organic acid treatments during the cutting process on the natural microflora and quality of chicken drumsticks ［J］. Food Control, 2016, 67: 1-8.

［26］ Mani-lopez E, Garcia H S, Lopez-malo A. Organic acids as antimicrobials to control Salmonella in meat and poultry products ［J］. Food Research International, 2012, 45 (2): 713-721.

［27］ Miller A J, Call J E, Whiting R C. Comparison of organic acid salts for Clostridium botulinum control in an uncured turkey product ［J］. Journal of Food Protection, 1993, 56 (11): 958-962.

［28］ Smulders F J M, Barendsenen P, Logtestijno J G V, et al. Review: Lactic acid: considerations in favour of its acceptance as a meat decontamininant ［J］. International Journal of Food Science & Technology, 2010, 21 (4): 419-436. DOI: 10. 1111/j. 1365—2621. 1986. tb00420. x.

［29］ Chan S T, Yao M W Y, Wong Y C, et al. Evaluation of chemical indicators for monitoring freshness of food and determination of volatile amines in fish by headspace solid-phase microextraction and gas chromatography-mass spectrometry ［J］. European Food Research and

Technology，2006，224（1）：67-74.

［30］赵广华，苏维均，谢涛. 基于 TDLAS 技术判定猪肉挥发性盐基氮含量 ［J］. 食品科学技术学报，2018，36（1）：83-88.

［31］Wang C，Yang J，Zhu X，et al. Effects of Salmonella bacteriophage，nisin and potassium sorbate and their combination on safety and shelf life of fresh chilled pork ［J］. Food Control，2016：（34）1-9.

［32］虞祎，俞韦勤. 基于肉鸡品种差异视角的我国鸡肉消费市场预测 ［J］. 中国家禽，2017，39（14）：41-45.

［33］Jiang Yun，Gao Feng，Xu Xing-lian，et al. Changes in the bacterial communities of vacuum-packaged pork during chilled storage analyzed by PCR-DGGE ［J］. Meat Science，2010，86（4）：889-895.

［34］夏小龙，彭珍，刘书亮，等. 肉鸡屠宰加工中减菌处理前后细菌菌相分析 ［J］. 食品科学，2015，36（10）：189-194.

［35］Bucher O，Rajic A，Waddell L，et al. Do any spray or dip treatments，applied on broiler chicken carcasses or carcass parts，reduce Salmonella spp. prevalence and/or concentration during primary processing. A systematic review. meta-analysis ［J］. Food Control，2012，27（2）：351-361.

［36］Northcutt J K，Smith D P，Musgrove M T，et al. Microbiological impact of spray washing broiler carcasses using different chlorine concentrations and water temperatures ［J］. Poultry Science，2005，84（10）：1648.

［37］Wang Wei-chi，Li Yan-bin，Slavik M F，et al. Trisodium Phosphate and Cetylpyridinium Chloride Spraying on Chicken Skin to Reduce Attached Salmonella typhimurium ［J］. Journal of Food Protection，1997，60（60）：992-994.

［38］Cutter C N. Reductions of Listeria innocua and Brochothrix thermosphacta on beef following nisin spray treatments and vacuum packaging ［J］. Food Microbiology，1996，13（13）：23-33.

［39］Benli H，Sanchezplata M X，Iihak O I，et al. Evaluation of antimicrobial activities of sequential spray applications of decontamination treatments on chicken carcasses ［J］. Asian-Australas J Anim Sci，2015，

28（3）：405-410.

[40] 中华人民共和国国家卫生和计划生育委员会. GB 5009—228，食品中挥发盐基氮的测定［S］. 北京：中国标准出版社，2016.

[41] Sinhamahapatra M，Biswas S，Das A K，et al. Comparative study of different surface decontaminants on chicken quality［J］. Br Poult Sci，2004，45（5）：624-630.

[42] Hakan B，Sanchezplatax M X，Irfan I O，et al. Evaluation of Antimicrobial Activities of Sequential Spray Applications of Decontamination Treatments on Chicken Carcasses［J］. Asian-Australasian Journal of Animal Sciences，2015，28（3）：405-410.

[43] Barbozad M Y，Ferrer K，Salas E M. Combined effects of lactic acid and nisin solution in reducing levels of microbiological contamination in red meat carcasses［J］. Journal of Food Protection，2002，65（11）：1780.

[44] Lecompte J Y，Kondjoyan A，Sarter S，et al. Effects of steam and lactic acid treatments on inactivation of Listeria innocua surface-inoculated on chicken skins［J］. International Journal of Food Microbiology，2008，127（1）：155-161.

[45] Stopforth J D，Oconnor R，Lopes M，et al. Validation of individual and multiple-sequential interventions for reduction of microbial populations during processing of poultry carcasses and parts［J］. Journal of Food Protection，2007，70（70）：1393-1401.

[46] Jiménez S M，Caliusco M F，Tiburzi M C，et al. Predictive models for reduction of Salmonella Hadar on chicken skin during single and double sequential spraying treatments with acetic acid［J］. Journal of Applied Microbiology，2010，103（3）：528-535.

[47] 孙彦雨，周光宏，徐幸莲. 冰鲜鸡肉贮藏过程中微生物菌相变化分析［J］. 食品科学，2011，32（11）：146-151.

[48] Russo F，Ercolini D，Mauriello G，et al. Behaviour of Brochothrix thermosphacta in presence of other meat spoilage microbial groups［J］. Food Microbiology，2006，23（8）：797-802.

[49] 唐晓双，郝丹，张静，等. 鸡肉中金黄色葡萄球菌污染状况调查

[J]. 中国家禽，2012，34（8）：61-63.

[50] 汪沐，谢鹏，唐梦君，et al. 荧光原位杂交和流式细胞术结合（FISH-FCM）对肉食品中肠杆菌科细菌的快速定量检测 [J]. 江苏农业科学，2016，44（7）：336-338.

[51] 傅鹏，李平兰，周康，等. 冷却肉中假单胞菌温度预测模型的建立与验证 [J]. 农业工程学报，2008 [1] 2017 年全球鸡肉行业发展现状及发展前景预测分析 [J]. 饲料与畜牧，2017，（17）：13-14.

[52] 杨万根，李满凤，朱秋劲，等. 冷鲜牛肉复合天然减菌剂的筛选及优化 [J]. 食品与发酵工业，2015，41（2）：30-34.

[53] Zhao Xing-chen, Meng Rui-zeng, Shi Ce, et al. Analysis of the gene expression profile of Staphylococcus aureus treated with nisin [J]. Food Control，2016，59：499-506.

[54] 李兆亭，林涛，申基雪，等. 迷迭香对冷鲜肉抑菌及其保鲜作用的影响 [J]. 食品研究与开发，2017，38（21）：181-186.

[55] Tao Yan, Qian Li-hong, Xie Jing. Effect of chitosan on membrane permeability and cell morphology of Pseudomonas aeruginosa and Staphyloccocus aureus [J]. Carbohydrate Polymers，2011，86（2）：969-974.

[56] 蓝蔚青，车旭，谢晶，等. 复合生物保鲜剂对荧光假单胞菌的抑菌活性及作用机理 [J]. 中国食品学报，2016，16（8）：159-165.

[57] 钱丽红，陶妍，谢晶. 茶多酚对金黄色葡萄球菌和铜绿假单胞菌的抑菌机理 [J]. 微生物学通报，2010，37（11）：1628-1633.

[58] JR H A，Cason J A. Bacterial flora of processed broiler chicken skin after successive washings in mixtures of potassium hydroxide and lauric acid [J]. J Food Prot，2008，71（8）：1707-1713.

[59] Sshefet S M, Sheldon B W, Klaenhammerl T R. Efficacy of optimized nisin-based treatments in inhibit Salmonella typhimurium and extend shelf life of broiler carcasses [J]. Journal of Food Protection，1995，58（10）：1077-1082.

[60] Koolman L, Whyte P, Meade J, et al. A Combination of Chemical and Ultrasonication Treatments to Reduce Campylobacter jejuni on Raw Poultry [J]. Food & Bioprocess Technology，2014，7（12）：

3602-3607.

[61] Cutter C N. Reductions of Listeria innocua and Brochothrix ther-mosphacta on beef following nisin spray treatments and vacuum packa-ging [J]. Food Microbiology, 1996, 13 (13)：23-33.

[62] 赵广华，苏维均，谢涛. 基于 TDLAS 技术判定猪肉挥发性盐基氮含量 [J]. 食品科学技术学报，2018，36 (1)：83-88.

[63] 刘雪，刘娇，周鹏，等. 冰鲜鸡肉品质及其货架期的研究进展与展望 [J]. 现代食品科技，2017 (3)：328-340.

[64] 辛翔飞，王燕明，王济民. 我国肉鸡产业现状及发展对策研究——基于 2016 年产业回顾及 2017 年市场预测 [J]. 中国家禽，2017，39 (5)：1-7.

[65] González-miret M L, Escudero-gilete M L, Heredia F J. The estab-lishment of critical control points at the washing and air chilling stages in poultry meat production using multivariate statistics [J]. Food Con-trol，2006，17 (12)：935-941.

[66] Voidarou C，Vassos D，Rozos G，et al. Microbial challenges of poul-try meat production [J]. Anaerobe, 2011, 17 (6)：341-343.

[67] Zhou Y，Wang W，M A F，et al. High-pressure pretreatment to im-prove the water retention of sodium-reduced frozen chicken breast gels with two organic anion types of potassium salts [J]. Food & Biopro-cess Technology, 2018, 11 (3)：1-10.

[68] 高晓平，黄现青，金迪，等. 水煮中心温度对鸡胸肉食用品质的影响 [J]. 食品与机械，2012，28 (3)：49-51.

[69] 中华人民共和国卫生部，中国国家标准化管理委员会. GB 5009.237—2016 食品 pH 值的测定 [S]. 北京：中国标准出版社，2016.

[70] 中华人民共和国卫生部，中国国家标准化管理委员会. GB 4789.2—2016 食品微生物学检验　菌落总数测定 [S]. 北京：中国标准出版社，2016.

[71] 中华人民共和国卫生部，中国国家标准化管理委员会. GB 5009.228—2016 食品中挥发性盐基氮的测定 [S]. 北京：中国标准出版社，2016.

［72］牛力，陈景宜，黄明，等．不同冻结速率对鸡胸肉品质的影响［J］.
食品与发酵工业，2011，37（10）：204-208.

［73］杨秀娟，张曦，赵金燕，等．应用电导率评价猪肉的新鲜度［J］．现
代食品科技，2013（5）：1178-1180.

［74］Yasin H，Babji A S，Ismail H．Optimization and rheological properties
of chicken ball as affected by κ-carrageenan，fish gelatin and chicken
meat［J］．LWT-Food Science and Technology，2016，66（66）：
79-85.

［75］Boulianne M，King A J．Biochemical and color characteristics of skin-
less boneless pale chicken breast［J］．Poultry Science，1995，74
（10）：1693-1698.

［76］Mtn D G，Hafley B S，Boleman R M，et al．Antioxidant properties of
plum concentrates and powder in precooked roast beef to reduce lipid
oxidation［J］．Meat Science，2008，80（4）：997-1004.

［77］孙慧，李天添．使用不同稀释液对食品中菌落总数检测结果的影响初
探［J］．酿酒，2012，39（1）：86-88.

［78］白艳红，牛苑文，吴月，等．不同冰温贮藏对鸡胸肉品质变化的影响
［J］．轻工学报，2016，31（01）：17-22＋28.

［79］张娟，娄永江．冰温技术及其在食品保鲜中的应用［J］．食品研究与
开发，2006（08）：150-152.

［80］肖虹，谢晶．不同贮藏温度下冷却肉品质变化的实验研究［J］．制冷
学报，2009，30（3）：40-45.

［81］蒋建平，陈洪，周晓媛．以茶多酚为主体的抗氧化剂联用对冷却肉保
鲜作用的研究［J］．湖南工业大学学报，2005，19（1）：17-19.

［82］Hassanzadeh P，Tajik H，Rohani S M R，et al．Effect of functional
chitosan coating and gamma irradiation on the shelf-life of chicken meat
during refrigerated storage［J］．Radiation Physics ＆ Chemistry，
2017，141：103-109.

［83］Zhu Y，Zhang K，M A L，et al．Sensory，physicochemical，and mi-
crobiological changes in vacuum packed channel catfish（Clarias lazera）
patties during controlled freezing-point storage［J］．Food Science ＆
Biotechnology，2015，24（4）：1249-1256.

［84］王希希，李康，黄群，等．刺麒麟菜对鸡胸肉糜凝胶特性和流变特性的影响［J］．食品科学，2018，39（5）：76-80.

［85］Kang Z L，Li B，Ma H J，et al. Effect of different processing methods and salt content on the physicochemical and rheological properties of meat batters［J］．International Journal of Food Properties，2016，19（7）：1604-1615.

［86］吕峰，林勇毅，宋丽君，等．牛肉冰温气调保鲜技术的研究［J］．江西食品工业，2008（4）：15-18.

［87］Li X，Lindahl G，Zamaratskaia G，et al. Influence of vacuum skin packaging on color stability of beef longissimus lumborum compared with vacuum and high-oxygen modified atmosphere packaging［J］．Meat Science，2012，92（4）：604-609.

［88］栗俊广．冰温和冷藏对鸡肉肌原纤维蛋白凝胶流变、保水性能和水分状态的影响［J］．食品科学，2016.11（网络预发表）.

［89］孟婷婷，田建文，王振宇．冰温气调贮藏对牛羊肉品质影响的研究进展［J］．食品工业科技，2017，38（7）：395-399.

［90］蔡怀依，许翔，袁爽，等．乙醇喷涂处理对年糕微生物及理化品质的影响［J］．食品工业科技，2017，38（16）：291-295.

［91］Dantigny P，Guilmart A，Radoi F，et al. Modelling the effect of ethanol on growth rate of food spoilage moulds［J］．International Journal of Food Microbiology，2005，98（3）：261-269. Doi：10.1016/j. ijfoodmicro. 2004. 07. 008

［92］杨建华，马瑜，李勃，等．乙醇气体缓释处理对鲜食葡萄保鲜效果的影响［J］．保鲜与加工，2015（4）：32-38.

［93］马瑜，柯杨，王常晔，等．乙醇缓释气体处理对草莓常温保鲜效果的影响［J］．保鲜与加工，2014（2）：30-33.

［94］雷志方，谢晶，尹乐，等．温度和姜精油对金枪鱼品质影响及生物胺相关性［J］．食品科学，2017，38（3）：45-52.

［95］Brewer M S. Chemical and physical characteristics of meat｜Water-Holding Capacity［J］．Encyclopedia of Meat Sciences，2014：274-282.

［96］Khare A K，Abraham R J J，Rao V A，et al. Utilization of carrageenan，citric acid and cinnamon oil as an edible coating of chicken fillets to prolong its shelf life under refrigeration conditions ［J］．Veterinary World，2016，9（2）：166-175.

［97］蔡华珍，何玲，汪巧，等．几种常用香辛料精油对冷藏调理鸡肉串的保鲜效果［J］．食品与发酵工业，2016，42（7）：236-241.

［98］王勋，解万翠，陈波雷，等．冰鲜鸡新鲜度指标及其天然保鲜剂的研究［J］．食品研究与开发，2013（16）：112-116.

［99］马汉军，赵良，潘润淑，等．高压和热结合处理对鸡肉 pH、嫩度和脂肪氧化的影响［J］．食品工业科技，2006（8）：56-59.

［100］孙慧，李天添．使用不同稀释液对食品中菌落总数检测结果的影响初探［J］．酿酒，2012，39（1）：86-88.

［101］GB16869—2005《鲜、冻禽产品》中华人民共和国卫生部，中国国家标准化管理委员会．GB16869—2005 食品安全国家标准鲜（冻）畜、禽产品［S］．北京：中国标准出版社，2016.

［102］Barnes I，Holton J，Vaira D，et al. An assessment of the long-term preservation of the DNA of a bacterial pathogen in ethanol-preserved archival material ［J］．Journal of Pathology，2015，192（4）：554-559.

［103］彭杨思，刘培，章骅．肉与肉制品中挥发性盐基氮测定方法的比较［J］．食品研究与开发，2016，37（4）：152-154.

［104］Khulal U，Zhao J，Hu W，et al. Intelligent evaluation of total volatile basic nitrogen（TVB-N）content in chicken meat by an improved multiple level data fusion model ［J］．Sensors & Actuators B Chemical，2017，238：337-345.

［105］雷志方，谢晶，李彦妮，等．不同包装方式对金枪鱼保鲜效果的分析比较［J］．现代食品科技，2016（8）：233-239.

［106］Xia Z，Zhai X，Liu B，et al. Conductometric titration to determine total volatile basic nitrogen（TVB-N）for post-mortem interval（PMI）［J］．Journal of Forensic & Legal Medicine，2016，44：133-137.

［107］Zhu Y，Ma L，Yang H，et al. Super-chilling（$-0.7℃$）with high CO_2 packaging inhibits biochemical changes of microbial origin in catfish (Clarias gariepinus) muscle during storage [J]. Food Chemistry, 2016, 206: 182-190.

[108] Thomassen M, Mørkøre T, Veisethkent E, et al. Effects of-1.5℃ super-chilling on quality of Atlantic salmon (Salmo salar) pre-rigor fillets: Cathepsin activity, muscle histology, texture and liquid leakage [J]. Food Chemistry, 2008, 111 (2): 329-339.

[109] Iyoki S, Shiomi K, Uemura T. Hyo-on ca storage (controlled freezing point and controlled atmosphere storage) of chicken meat [J]. Acta Horticulturae, 2003, 600 (600): 499-501.

[110] Li X, Zhang Y, Li Z, et al. The effect of temperature in the range of-0.8to 4℃ on lamb meat color stability [J]. Meat Science, 2017, 134: 28-33.

[111] 李培迪, 李欣, 李铮, 等. 冰温贮藏对宰后肌肉成熟进程的影响 [J]. 中国农业科学, 2016, 49 (3): 554-562.

[112] Marsh BB, Lochner JV, Takahashi G, etal. Effects of early postmortem pH and temperature on beef tenderness [J]. Meat Science, 1981, 5 (6): 479-483.

[113] Rhee M S, Kim B C. Effect of low voltage electrical stimulation and temperature conditioning on postmortem changes in glycolysis and calpains activities of Korean native cattle (Hanwoo) [J]. Meat Science, 2001, 58 (3): 231-237.

[114] Rhee M S, Ryu Y C, Imm J Y, et al. Combination of low voltage electrical stimulation and early postmortem temperature conditioning on degradation of myofibrillar proteins in Korean native cattle (Hanwoo) [J]. Meat Science, 2000, 55 (4): 391-396.

[115] 申萍, 巴吐尔·阿不力克木, 赵立男. 不同贮藏温度对宰后羊肉嫩度的影响研究 [J]. 食品工业, 2015, 36 (04): 34-39.

[116] 薛松. 鸡肉和鱼片冰温后熟技术的研究 [D]. 上海: 上海海洋大学, 2011.

[117] Sigurgisladottir S, Hafsteinsson H, Jonsson A, et al. Textural properties of raw salmon fillets as related to sampling method [J]. Journal of Food Science, 2010, 64 (1): 99-104.

[118] 南庆贤. 肉类工业手册 [M]. 北京：中国轻工业出版社，2009：141-143.

[119] 吴菊清，李春保，周光宏，等. 宰后成熟过程中冷却牛肉、猪肉色泽和嫩度的变化 [J]. 食品科学，2008，29（10）：136-139.

[120] Fernandez X, Forslid A, Tornberg E. The effect of high post-mortem temperature on the development of pale, soft and exudative pork: Interaction with ultimate pH [J]. Meat Science, 1994, 37（1）：133-147.

[121] 孟祥忍，王恒鹏，杨章平. 黄羽肉鸡宰后肌肉品质变化与蛋白热性质分析 [J]. 中国家禽，2015，37（24）：32-36.

[122] 诸永志，宋玉，黄伟，等. 雪山草鸡宰后肌肉成熟过程中剪切力及肌纤维结构的变化 [J]. 江苏农业学报，2012，28（2）：351-354.

[123] Henckel P, Okdbjerg N, Erlansen E. Histo-and biochemical characteristics of the Longissimus dorsimuscle in pigs and their relationships to performance and meat quality [J]. Meat science, 1997, 47：311-321.

[124] Maltn C A, Warkup C C, Matihews K R, et al. Ping muscle fiber characteristics as a source of variation in etaing quality [J]. Meat Science, 1997, 47：237-248.

[125] 朱学伸. 动物宰后肌肉成熟期间乳酸含量与 pH 的变化 [D]. 南京：南京农业大学，2007.

[126] 张爽，张楠，朱良齐，等. 宰后早期猪肉、牛肉和鸡肉中能量代谢及蛋白质磷酸化 [J]. 食品科学，2017，38（9）：72-78.

[127] Guderley H. Metabolic responses to low temperature in fish muscle. Biological Reviews of the Cambridge Philosophical Society [J]. 2004, 79（2）：409-427.

[128] 李泽，靳烨，马霞. 不同贮藏温度下宰后羊肉的肉质变化及其影响因素 [J]. 农业工程学报，2010，26（S1）：338-342.

[129] 徐昶. 禁食和环境温度对鸡肉宰后僵直过程中能量代谢影响的研究 [D]. 南京：南京农业大学，2009.

[130] 区炳庆，张正芬，李培周，等. 清远麻鸡宰后肉质酸化现象的研究 [J]. 广东农业科学，2013，40（7）：115-116.

[131] 谢达平. 食品生物化学 [M]. 北京：中国农业出版社，2009：156-157.

[132] Acevedo C A, Cornejo M J, Olguín Y A, et al. Dehydrogenase enzymes associated to glycolysis in beef carcasses stored at 0℃ [J]. Food and Bioprocess Technology, 2013, 6 (7)：1696-1702.

[133] 王真真，董士远，刘尊英，等. 冰温下包装方式对大黄鱼的保鲜效果研究 [J]. 水产科学，2009，28 (8)：431-434.

[134] 李来好，彭城宇，岑建伟，等. 冰温气调贮藏对罗非鱼片品质的影响 [J]. 食品科学，2009，30 (24)：439-443.

[135] 韩利英，张懋. 鲫鱼块冰点调节剂的研究 [J]. 食品与生物技术学报，2009，28 (6)：759-763.

[136] 白艳红，牛苑文，张相生，等. 冷鲜鸡胸肉复合冰点调节剂优化及其对冰点控制的研究 [J]. 食品工业，2016 (5)：16-19.

[137] 宋丽荣，陈淑湘，林向东. 食品物料冻结点测定方法研究 [J]. 食品科学，2011 (S1)：126-131.